西汉工程机械型号名谱

中国工程机械学会　编

贾梦真　译

俞吉恩　校

U0179007

上海科学技术出版社

编 委 会

序

　　土石方工程、流动起重装卸工程、人货升降输送工程和各种建筑工程综合机械化施工以及同上述相关的工业生产过程的机械化作业所需的机械设备统称为工程机械。工程机械应用范围极广,大致涉及如下领域:① 交通运输基础设施;② 能源领域工程;③ 原材料领域工程;④ 农林基础设施;⑤ 水利工程;⑥ 城市工程;⑦ 环境保护工程;⑧ 国防工程。

　　工程机械行业的发展历程大致可分为以下 6 个阶段。

　　第一阶段(1949 年前):工程机械最早应用于抗日战争时期滇缅公路建设。

　　第二阶段(1949—1960 年):我国实施第一个和第二个五年计划,156 项工程建设需要大量工程机械,国内筹建了一批以维修为主、生产为辅的中小型工程机械企业,没有建立专业化的工程机械制造厂,没有统一的管理与规划,高等学校也未设立真正意义上的工程机械专业或学科,相关科研机构也没有建立。各主管部委虽然设立了一些管理机构,但这些机构分散且规模很小。此期间全行业的职工人数仅 2 万余人,生产企业仅二十余家,总产值 2.8 亿元人民币。

　　第三阶段(1961—1978 年):国务院和中央军委决定在第一机械工业部成立工程机械工业局(五局),并于 1961 年 4 月 24 日正式成立,由此对工程机械行业的发展进行统一规划,形成了独立的制造体系。此外,高等学校设立了工程机械专业以培养相应人才,并成立了独立的研究所以制定全行业的标准化和技术情报交流体系。在此期间,全行业职工人数达 34 万余人,全国工程机械专业厂和兼并厂达 380 多家,固定资产 35 亿元人民币,工业总产值 18.8 亿元人民币,毛利润 4.6 亿元人民币。

　　第四阶段(1979—1998 年):这一时期工程机械管理机构经过几次大的变动,主要生产厂下放至各省、市、地区管理,改革开放的实行也促进了民营企业的发展。在此期间,全行业固定资产总额 210 亿元人民币,净值 140 亿元人民币,有 1 000 多家厂商,销售总额 350 亿元人民币。

第五阶段(1999—2012 年):此阶段工程机械行业发展很快,成绩显著。全国有 1 400 多家厂商、主机厂 710 家,11 家企业入选世界工程机械 50 强,30 多家企业在 A 股和 H 股上市,销售总额已超过美国、德国、日本,位居世界第一,2012 年总产值近 5 000 亿元人民币。

第六阶段(2012 年至今):在此期间国家进行了经济结构调整,工程机械行业的发展速度也有所变化,总体稳中有进。在经历了一段不景气的时期之后,随着我国"一带一路"倡议的实施和国内城乡建设的需要,将会迎来新的发展时期,完成由工程机械制造大国向工程机械制造强国的转变。

随着经济发展的需要,我国的工程机械行业逐渐发展壮大,由原来的以进口为主转向出口为主。1999 年至 2010 年期间,工程机械的进口额从 15.5 亿美元增长到 84 亿美元,而出口的变化更大,从 6.89 亿美元增长到 103.4 亿美元,2015 年达到近 200 亿美元。我国的工程机械已经出口到世界 200 多个国家和地区。

我国工程机械的品种越来越多,根据中国工程机械工业协会标准,我国工程机械已经形成 20 个大类、130 多个组、近 600 个型号、上千个产品,在这些产品中还不包括港口机械以及部分矿山机械。为了适应工程机械的出口需要和国内外行业的技术交流,我们将上述产品名称翻译成 8 种语言,包括阿拉伯语、德语、法语、日语、西班牙语、意大利语、英语和俄语,并分别提供中文对照,以方便大家在使用中进行参考。翻译如有不准确、不正确之处,恳请读者批评指正。

编委会
2020 年 1 月

目　录

1 Excavación 挖掘机械

Grupos/组	Tipos/型	Productos/产品
Excavadora intermitent 间歇式挖掘机	Excavadora mecánica 机械式挖掘机	Excavadora mecánica sobre orugas 履带式机械挖掘机
		Excavadora mecánica sobre neumáticos 轮胎式机械挖掘机
		Excavadora mecánica fija（de barco） 固定式（船用）机械挖掘机
		Pala de mina 矿用电铲
	Excavadora hidráulica 液压式挖掘机	Excavadora hidráulica sobre orugas 履带式液压挖掘机
		Excavadora hidráulica sobre neumáticos 轮胎式液压挖掘机
		Excavadora hidráulica de uso tierra y agua 水陆两用式液压挖掘机
		Excavadora hidráulica de húmeda 湿地液压挖掘机
		excavadora hidráulica móvil 步履式液压挖掘机
		Excavadora hidráulica fija（de barco） 固定式（船用）液压挖掘机
	Excavadora-cargadora 挖掘装载机	Excavadora-cargadora de desplazamiento lateral 侧移式挖掘装载机
		Excavadora-cargadora centrada 中置式挖掘装载机
Excavadora continua 连续式挖掘机	Excavadora de rueda de cangilones 斗轮挖掘机	Excavadora de rueda de cangilones sobre oruga 履带式斗轮挖掘机
		Excavadora de rueda de cangilones sobre neumáticos 轮胎式斗轮挖掘机
		Excavadora de rueda de cangilones con dispositivo especial de avanzar 特殊行走装置斗轮挖掘机

1

（续表）

Grupos/组	Tipos/型	Productos/产品
Excavadora continua 连续式挖掘机	Excavadora de fresa generatriz 滚切式挖掘机	Excavadora de fresa generatriz 滚切式挖掘机
	Excavadora de fresado 铣切式挖掘机	Excavadora de fresado 铣切式挖掘机
	Excavadora de zanjas de cangilones múltiples 多斗挖沟机	Excavadora de zanjas de sección de formación 成型断面挖沟机
		Excavadora de zanjas con tubo de rueda 轮斗挖沟机
		Excavadora de zanjas de rosario 链斗挖沟机
	Excavadora de rosario 链斗挖沟机	Excavadora de rosario sobre oruga 履带式链斗挖沟机
		Excavadora de rosario sobre neumáticos 轮胎式链斗挖沟机
		Excavadora de rosario montada en la pista 轨道式链斗挖沟机
Otras maquinarias de excavación 其他挖掘机械		

2 Maquinaria de transporte de pala 铲土运输机械

2　Maquinaria de transporte de pala 铲土运输机械

Grupos/组	Tipos/型	Productos/产品
Cargador 装载机	Cargador de oruga 履带式装载机	Cargador mecánico 机械装载机
		Cargador mecánico hidráulico 液力机械装载机
		Cargador hidráulico completo 全液压装载机
	Cargador con neumáticos 轮胎式装载机	Cargador mecánico 机械装载机

（续表）

Grupos/组	Tipos/型	Productos/产品
Cargador 装载机	Cargador con neumáticos 轮胎式装载机	Cargador mecánico hidráulico 液力机械装载机
		Cargador hidráulico completo 全液压装载机
	Cargador de dirección de deslizamiento 滑移转向式装载机	Cargador de dirección de deslizamiento 滑移转向装载机
	Cargador de uso especial 特殊用途装载机	Cargador de oruga para humedales 履带湿地式装载机
		Cargador de descargo lateral 侧卸装载机
		Cargador para la operación del fondo del pozo 井下装载机
		Cargador de maderas 木材装载机
Raspador 铲运机	Raspador de motor 自行铲运机	Raspador de motor sobre neumáticos 自行轮胎式铲运机
		Rascador de neumáticos de bimotor 轮胎式双发动机铲运机
		Raspador de oruga autopropulsado 自行履带式铲运机
	Raspador de remolque 拖式铲运机	Raspador mecánico 机械铲运机
		Raspador hidráulico 液压铲运机
Motor de tierra 推土机	Tapadora sobre orugas 履带式推土机	Tapadora sobre orugas 机械推土机
		Bulldozer mecánico hidráulico 液力机械推土机
		Bulldozer hidráulico completo 全液压推土机
		Bulldozer de oruga para humedales 履带式湿地推土机
	Bulldozer sobre neumáticos 轮胎式推土机	Bulldozer mecánico hidráulico 液力机械推土机
		Bulldozer hidráulico completo 全液压推土机

3

Grupos/组	Tipos/型	Productos/产品
Motor de tierra 推土机	Máquina de perforación de pozo 通井机	Máquina de perforación de pozo 通井机
	Tapadora impulsada 推耙机	Tapadora impulsada 推耙机
Carretilla elevadora 叉装机	Carretilla elevadora 叉装机	Carretilla elevadora 叉装机
nivelador 平地机	Nivelador automático 自行式平地机	Nivelador mecánico 机械式平地机
		Nivelador mecánico hidráulico 液力机械平地机
		Nivelador hidráulico 全液压平地机
	Nivelador de arrastre 拖式平地机	Nivelador de arrastre 拖式平地机
Volquete fuera de carretera 非公路自卸车	Volquete rigido 刚性自卸车	Volquete de transmisión mecánica 机械传动自卸车
		Volquete mecánico hidráulico 液力机械传动自卸车
		Volquete hidros tálico 静液压传动自卸车
		Volquete eléctrico 电动自卸车
Volquete fuera de carretera 非公路自卸车	Volquete articulado 铰接式自卸车	Volquete mecánico 机械式翻斗车
		Volquete mecánico hidráulico 液力机械传动自卸车
		Volquete hidrostático 静液压传动自卸车
		Volquete eléctrico 电动自卸车
	Volquete rígido subterráneo 地下刚性自卸车	Volquete mecánico hidráulico 液力机械传动自卸车
	Volquete articulado subterráneo 地下铰接式自卸车	Volquete mecánico hidráulico 液力机械传动自卸车

4

（续表）

Grupos/组	Tipos/型	Productos/产品
Volquete fuera de carretera 非公路自卸车	Volquete articulado subterráneo 地下铰接式自卸车	Volquete hidrostático 静液压传动自卸车
		Volquete eléctrico 电动自卸车
	Volquete giratorio 回转式自卸车	Volquete hidrostático 静液压传动自卸车
	Volquete de gravedad 重力翻斗车	Volquete de gravedad 重力翻斗车
Máquina de preparación de operación 作业准备机械	Cortador del arbusto 除荆机	Cortador del arbusto 除荆机
	Máquina de arrancar raíces 除根机	Máquina de arrancar raíces 除根机
Otras maquinarias de transporte de pala 其他铲土运输机械		

5

3　Maquinaria de alzamiento 起重机械

Grupos/组	Tipos/型	Productos/产品
Grúa corriente 流动式起重机	Grúa sobre neumáticos 轮胎式起重机	Grúa automotriz 汽车起重机
		Grúa de terreno 全地面起重机
		Grúa sobre neumáticos 轮胎式起重机
		Grúa con neumáticos de terreno áspero 越野轮胎起重机
		Camiones de grúa 随车起重机
	Grúa de oruga 履带式起重机	Grúa sobre orugas de viga reforzada 桁架臂履带起重机
		Grúa sobre orugas con pluma telescópica 伸缩臂履带起重机

Grupos/组	Tipos/型	Productos/产品
Grúa corriente 流动式起重机	Grúa móvil especial 专用流动式起重机	Grúa de elevador frontal 正面吊运起重机
		Grúa de elevador lateral 侧面吊运起重机
		Tubería de orugas 履带式吊管机
	Demoledor 清障车	Demoledor 清障车
		Vehículo de salvamento 清障抢救车
Grúa de construcción 建筑起重机械	Grúa- torre- mástil 塔式起重机	Grúa de torre rotativa montada en la pista 轨道上回转塔式起重机
		Grúa de torre auto-elevada rotativa por arriba montada en la pista 轨道上回转自升塔式起重机
		Grúa de torre rotativa por debajo montada en la pista 轨道下回转塔式起重机
		Grúa de torre rápida montada en la pista 轨道快装式塔式起重机
		Grúa de torre de brazo montada en la pista 轨道动臂式塔式起重机
		Grúa de torre de cabeza plana montada en la pista 轨道平头式塔式起重机
		Grúa de torre rotativa fija 固定上回转塔式起重机
		Grúa de torre auto-elevada rotativa por arriba fija 固定上回转自升塔式起重机
		Grúa de torre de cabeza plana fija 固定下回转塔式起重机
		Grúa de torre de escalada interna fija 固定快装式塔式起重机

Grupos/组	Tipos/型	Productos/产品
Grúa de construcción 建筑起重机械	Grúa- torre- mástil 塔式起重机	Grúa de torre de brazo fija 固定动臂式塔式起重机
		Grúa de torre de cabeza plana fija 固定平头式塔式起重机
		Grúa de torre de escalada interna fija 固定内爬升式塔式起重机
	Ascensor de construcción 施工升降机	Ascensor de construcción de cremallera- piñón 齿轮齿条式施工升降机
		Ascensor de construcción de cable de acero 钢丝绳式施工升降机
		Ascensor de construcción mixto 混合式施工升降机
	Cabrestante de construcción 建筑卷扬机	Cabrestante con un cilindro 单筒卷扬机
		Cabrestante con dos cilindros 双筒式卷扬机
		Cabrestante con tres cilindros 三筒式卷扬机
Otras grúas 其他起重机械		

7

4 Vehículos industriales 工业车辆

Grupos/组	Tipos/型	Productos/产品
Vehículos industriales motorizados（combustión interna，batería，doble poder）机动工业车辆（内燃、蓄电池、双动力）	Camión de plataforma fija 固定平台搬运车	Camión de plataforma fija 固定平台搬运车
	Auto de remolque y tractor de empuje 牵引车和推顶车	Auto de remolque 牵引车
		Tractor de empuje 推顶车
	Vehículo de elevación alta para apilar 堆垛用(高起升)车辆	Carretilla elevadora 平衡重式叉车
		Carretilla de avance 前移式叉车

Grupos/组	Tipos/型	Productos/产品
Vehículos industriales motorizados （combustión interna，batería，doble poder） 机动工业车辆 （内燃、蓄电池、双动力）	Vehículo de elevación alta para apilar 堆垛用（高起升）车辆	Carretilla de caballete 插腿式叉车
		Apilador de paletas 托盘堆垛车
		Apilador de plataforma 平台堆垛车
		Vehículo con la plataforma de operación elevable 操作台可升降车辆
		Carretilla lateral 侧面式叉车（单侧）
		Carretilla de terreno áspero 越野叉车
		Motocarretilla apiladora lateral 侧面堆垛式叉车（两侧）
		Vehículo con la plataforma de operación elevable 三向堆垛式叉车
		Carretilla de apilado tridimensional 堆垛用高起升跨车
		Apilador de contenedores de contrapeso 平衡重式集装箱堆高机
	Vehículo de elevación baja no para apilar 非堆垛用（低起升）车辆	Transpaleta 托盘搬运车
		Camión de plataforma 平台搬运车
		Carretilla pórtico de elevación baja no para apilar 非堆垛用低起升跨车
	Carretilla de brazo telescópica 伸缩臂式叉车	Carretilla de brazo telescópica 伸缩臂式叉车
		Carretilla de brazo telescópica en terreno áspero 越野伸缩臂式叉车
	Camión de preparación de pedidos 拣选车	Camión de preparación de pedidos 拣选车
	Vehículo sin conductor 无人驾驶车辆	Vehículo sin conductor 无人驾驶车辆

8

（续表）

Grupos/组	Tipos/型	Productos/产品
Vehículos industriales no motorizados 非机动工业车辆	Apilador móvil 步行式堆垛车	Apilador móvil 步行式堆垛车
	Apilador de paletas móvil 步行式托盘堆垛车	Apilador de paletas móvil 步行式托盘堆垛车
	Transpaleta móvil 步行式托盘搬运车	Transpaleta móvil 步行式托盘搬运车
	Transpaleta móvil elevable tipo tijera 步行剪叉式升降托盘搬运车	Transpaleta móvil elevable tipo tijera 步行剪叉式升降托盘搬运车
Otros vehículos industriales 其他工业车辆		

5 Compactador 压实机械

Grupos/组	Tipos/型	Productos/产品
Apisonadora estática 静作用压路机	Rodillo de arrastre 拖式压路机	Rodillo liso de arrastre 拖式光轮压路机
	Rodillo autopropulsado 自行式压路机	Apisonadora lisa con dos rodillos 两轮光轮压路机
		Apisonadora lisa con dos rodillos articulados 两轮铰接光轮压路机
		Apisonadora lisa con tres rodillos 三轮光轮压路机
		Apisonadora lisa con tres rodillos articulados 三轮铰接光轮压路机
Rodillo de camino vibratorio 振动压路机	Apisonadora de rodillo liso 光轮式压路机	Rodillo vibratorio de dos ruedas en serie 两轮串联振动压路机
		Apisonadora vibratoria con dos rodillos articulados 两轮铰接振动压路机
		Apisonadora vibratoria con cuatro rodillos 四轮振动压路机

（续表）

Grupos/组	Tipos/型	Productos/产品
Rodillo de camino vibratorio 振动压路机	Rodillo de camino con neumáticos 轮胎驱动式压路机	Apisonadora vibratoria con rodillo liso de impulsión de neumáticos 轮胎驱动光轮振动压路机
		Apisonadora vibratoria de proyección de impulsión de neumáticos 轮胎驱动凸块振动压路机
	Rodillo de arrastre 拖式压路机	Rodillo vibratorio de arrastre 拖式振动压路机
		Apisonadora vibratoria de proyección de arrastr 拖式凸块振动压路机
	Apisonadora manual 手扶式压路机	Apisonadora vibratoria manual de rodillo liso 手扶光轮振动压路机
		Apisonadora vibratoria manual de proyección 手扶凸块振动压路机
		Apisonadora vibratoria manual con mecanismo giratorio 手扶带转向机构振动压路机
Rodillo oscilante 振荡压路机	Apisonadora de rodillo liso 光轮式压路机	Apisonadora oscilante de dos ruedas en serie 两轮串联振荡压路机
		Apisonadora oscilante con dos rodillos articulados 两轮铰接振荡压路机
	Rodillo de camino con neumáticos 轮胎驱动式压路机	Apisonadora oscilante de camino con neumáticos de rodillo liso 轮胎驱动式光轮振荡压路机
Rodillos con neumáticos 轮胎压路机	Rodillo autopropulsado 自行式压路机	Rodillo con neumáticos 轮胎压路机
		Apisonadora con neumáticos articulada 铰接式轮胎压路机
Apisonadora de impacto 冲击压路机	Rodillo de arrastre 拖式压路机	Rodillo de arrastre de impacto 拖式冲击压路机
	Rodillo autopropulsado 自行式压路机	Rodillo autopropulsado de impacto 自行式冲击压路机

10

Grupos/组	Tipos/型	Productos/产品
Rodillo de combinación 组合式压路机	Rodillo de combinación vibratorio con neumáticos 振动轮胎组合式压路机	Rodillo de combinación vibratorio con neumáticos 振动轮胎组合式压路机
	Rodillo vibratorio oscilante 振动振荡式压路机	Rodillo vibratorio oscilante 振动振荡式压路机
Placa vibratoria 振动平板夯	Placa eléctrica 电动振动平板夯	Placa vibratoria eléctrica 电动振动平板夯
	Placa de combustión interna 内燃振动平板夯	Placa vibratoria de combustión interna 内燃振动平板夯
Pisón del impacto vibratorio 振动冲击夯	Pisón de impacto eléctrico 电动振动冲击夯	Pisón de impacto eléctrico 电动振动冲击夯
	Pisón de impacto de combustión interna 内燃振动冲击夯	Pisón de impacto vibratorio de combustión interna 内燃振动冲击夯
Compactadora de explosión 爆炸式夯实机	Compactadora de explosión 爆炸式夯实机	Compactadora de explosión 爆炸式夯实机
Compactora de rana 蛙式夯实机	Compactora de rana 蛙式夯实机	Compactora de rana 蛙式夯实机
Compactador de relleno de tierra 垃圾填埋压实机	Compactador estático 静碾式压实机	Compactador de relleno de tierra estático 静碾式垃圾填埋压实机
	Compactador vibratorio 振动式压实机	Compactador de relleno de tierra vibratorio 振动式垃圾填埋压实机
Otros compactadores 其他压实机械		

11

6 Maquinaria de construcción y mantenimiento de pavimento 路面施工与养护机械

Grupos/组	Tipos/型	Productos/产品
Maquinaria de construcción en pavimento de asfalto 沥青路面施工机械	Instalación mezcladora de mezcla asfáltica 沥青混合料搅拌设备	Planta de mezcla forzada de dosificación de asfalto 强制间歇式沥青搅拌设备
		Planta de mezcla forzada continua de asfalto 强制连续式沥青搅拌设备
		Mezclador continuo asfáltico de tambor 滚筒连续式沥青搅拌设备
		Mezclador continuo asfáltico de doble tambor 双滚筒连续式沥青搅拌设备
		Mezclador asfáltico de dosificación de doble tambor 双滚筒间歇式沥青搅拌设备
		Mezclador móvil de asfalto 移动式沥青搅拌设备
		Mezclador asfáltico de tipo contenedo 集装箱式沥青搅拌设备
		Mezclador asfáltico ecológico 环保型沥青搅拌设备
	Pavimentadora de mezcla asfáltica 沥青混合料摊铺机	Pavimentadora asfáltica de oruga de transmisión mecánica 机械传动履带式沥青摊铺机
		Pavimentadora asfáltica de oruga hidráulica 全液压履带式沥青摊铺机
		Pavimentadora asfáltica de neumáticos de transmisión mecánica 机械传动轮胎式沥青摊铺机
		Pavimentadora asfáltica de neumáticos hidráulica 全液压轮胎式沥青摊铺机
		Pavimentadora asfáltica de dos tapas 双层沥青摊铺机

(续表)

Grupos/组	Tipos/型	Productos/产品
Maquinaria de construcción en pavimento de asfalto 沥青路面施工机械	Pavimentadora de mezcla asfáltica 沥青混合料摊铺机	Pavimentadora asfáltica con equipo de pulverización 带喷洒装置沥青摊铺机
		Pavimentadora de carretera 路沿摊铺机
	Maquinaria de transferencia del material mezclado de asfalto 沥青混合料转运机	Transportador de asfalto de transferencia directa 直传式沥青转运料机
		Transportador de asfalto con silo 带料仓式沥青转运料机
	Asparcidor de asfalto 沥青洒布机(车)	Asparcidor de asfalto de transmisión mecánica 机械传动沥青洒布机(车)
		Asparcidor de asfalto de transmisión hidráulica 液压传动沥青洒布机(车)
		Asparcidor de asfalto neumático 气压沥青洒布机
	Esparcidor de cascajo 碎石撒布机(车)	Esparcidor de cascajo de una cinta 单输送带石屑撒布机
		Esparcidor de cascajo de doble cintas 双输送带石屑撒布机
		Esparcidor de cascajo sencillo colgante 悬挂式简易石屑撒布机
		Esparcidor de cascajo negro 黑色碎石撒布机
	Camión de asfalto líquido 液态沥青运输机	Cisterna de asfalto térmica 保温沥青运输罐车
		Cisterna de asfalto térmica semirremolque 半拖挂保温沥青运输罐车
		Cisterna de asfalto de coche sencillo 简易车载式沥青罐车
	Bomba de asfalto 沥青泵	Bomba de asfalto tipo de engranaje 齿轮式沥青泵
		Bomba de asfalto tipo de émbolo 柱塞式沥青泵
		Bomba de asfalto tipo de tornillo 螺杆式沥青泵

13

Grupos/组	Tipos/型	Productos/产品
Maquinaria de construcción en pavimento de asfalto 沥青路面施工机械	Válvula de asfalto 沥青阀	Válvula térmica triple de asfalto（a mano，eléctrica，neumática）保温三通沥青阀（分手动、电动、气动）
		Válvula térmica doble de asfalto（a mano，eléctrica，neumática）保温二通沥青阀（分手动、电动、气动）
		Válvula de bola doble térmica 保温二通沥青球阀
	Tanque de almacenamiento de asfalto 沥青贮罐	Tanque de almacenamiento de asfalto vertical 立式沥青贮罐
		Tanque de almacenamiento de asfalto horizonta 卧式沥青贮罐
		Almacén de asfalto 沥青库（站）
Maquinaria de construcción en pavimento de asfalto 沥青路面施工机械	Equipo de calentamiento de asfalto 沥青加热熔化设备	Dispositivo de fusión de asfalto de sistema fijo de llamas 火焰加热固定式沥青熔化设备
		Dispositivo de fusión de asfalto de sistema móvil de llamas 火焰加热移动式沥青熔化设备
		Dispositivo de fusión de asfalto de sistema fijo de vapor 蒸汽加热固定式沥青熔化设备
		Dispositivo de fusión de asfalto de sistema móvil de vapor 蒸汽加热移动式沥青熔化设备
		Dispositivo de fusión de asfalto fijo por aceite de calefacción 导热油加热固定式沥青熔化设备
		Dispositivo de fusión de asfalto fijo por electricidad 电加热固定式沥青熔化设备
		Dispositivo de fusión de asfalto móvil por electricidad 电加热移动式沥青熔化设备
		Dispositivo de fusión de asfalto fijo por infrarrojo 红外线固定加热式沥青熔化设备

Grupos/组	Tipos/型	Productos/产品
Maquinaria de construcción en pavimento de asfalto 沥青路面施工机械	Equipo de calentamiento de asfalto 沥青加热熔化设备	Dispositivo de fusión de asfalto móvil por infrarrojo 红外线加热移动式沥青熔化设备
		Dispositivo de fusión de asfalto fijo por energía solar 太阳能加热固定式沥青熔化设备
		Dispositivo de fusión de asfalto móvil por energía solar 太阳能加热移动式沥青熔化设备
	Equipo de llenado de asfalto 沥青灌装设备	Equipo de llenado de asfalto por cartucho 筒装沥青灌装设备
		Equipo de llenado de asfalto embolsado 袋装沥青灌装设备
	Equipo de desmonte de asfalto 沥青脱桶装置	Equipo de desmonte de asfalto fijo 固定式沥青脱桶装置
		Equipo de desmonte de asfalto móvil 移动式沥青脱桶装置
	Equipo de modificación de asfalto 沥青改性设备	Equipo de modificación de asfalto abatidor 搅拌式沥青改性设备
		Equipo de modificación de asfalto de coloide molino 胶体磨式沥青改性设备
	Equipo de emulsión de asfalto 沥青乳化设备	Equipo de emulsión de asfalto móvil 移动式沥青乳化设备
		Equipo de emulsión de asfalto fijo 固定式沥青乳化设备
Maquinaria de construcción en camino de cemento 水泥面施工机械	Adoquín de hormigón 水泥混凝土摊铺机	Adoquín de hormigón de molde deslizante 滑模式水泥混凝土摊铺机
		Adoquín de hormigón montado sobre riales 轨道式水泥混凝土摊铺机
	Pavimentadora multifuncional de piedra 多功能路缘石铺筑机	Pavimentadora de piedra de hormigón de cemento de oruga 履带式水泥混凝土路缘铺筑机

Grupos/组	Tipos/型	Productos/产品
Maquinaria de construcción en camino de cemento 水泥面施工机械	Pavimentadora multifuncional de piedra 多功能路缘石铺筑机	Pavimentadora de piedra de hormigón de cemento montada sobre riales 轨道式水泥混凝土路缘铺筑机
		Pavimentadora de piedra de hormigón de cemento sobre neumáticos 轮胎式水泥混凝土路缘铺筑机
	Máquina de corte 切缝机	Máquina de corte de pavimento de hormigón de cemento manual 手扶式水泥混凝土路面切缝机
		Máquina de corte de pavimento de hormigón de cemento montada sobre riales 轨道式水泥混凝土路面切缝机
		Máquina de corte de pavimento de hormigón de cemento sobre neumáticos 轮胎式水泥混凝土路面切缝机
	Viga de vibración para pavimento de hormigón de cemento 水泥混凝土路面振动梁	Viga simple de vibración para pavimento de hormigón de cemento 单梁式水泥混凝土路面振动梁
		Viga doble de vibración para pavimento de hormigón de cemento 双梁式水泥混凝土路面振动梁
	Pulidora para pavimento de hormigón de cemento 水泥混凝土路面抹光机	Pulidora para pavimento de hormigón de cemento eléctrica 电动式水泥混凝土路面抹光机
		Pulidora para pavimento de hormigón de cemento de combustión interna 内燃式水泥混凝土路面抹光机
	Dispositivo de deshidratación para pavimento de hormigón de cemento 水泥混凝土路面脱水装置	Dispositivo de deshidratación de hormigón de cemento de vacío 真空式水泥混凝土路面脱水装置
		Dispositivo de deshidratación de hormigón de cemento de colchón de aire de membrana 气垫膜式水泥混凝土路面脱水装置
	Máquina de colocación de concreto de cemento para zanjadora lateral 水泥混凝土边沟铺筑机	Máquina de colocación de concreto de cemento para zanjadora lateral de oruga 履带式水泥混凝土边沟铺筑机

(续表)

Grupos/组	Tipos/型	Productos/产品
Maquinaria de construcción en camino de cemento 水泥面施工机械	Máquina de colocación de concreto de cemento para zanjadora lateral 水泥混凝土边沟铺筑机	Máquina de colocación de concreto de cemento para zanjadora lateral montada sobre riales 轨道式水泥混凝土边沟铺筑机
		Máquina de colocación de concreto de cemento para zanjadora lateral sobre neumáticos 轮胎式水泥混凝土边沟铺筑机
	Máquina llenadora de superficies viales 路面灌缝机	Máquina llenadora de superficies viales de arrastre 拖式路面灌缝机
		Máquina llenadora de superficies viales autopropulsada 自行式路面灌缝机
Maquinaria de construcción de base de pavimento 路面基层施工机械	Estabilizador de suelo 稳定土拌和机	Esatbilizador de suelo sobre oruga 履带式稳定土拌和机
		Estabilizador de suelo sobre neumáticos 轮胎式稳定土拌和机
	Mezclazador de suelo estabilizado 稳定土拌和设备	Mezclazador de suelo estabilizado forzoso 强制式稳定土拌和设备
		Mezclador de suelo estabilizado de gravedad 自落式稳定土拌和设备
	Adoquines de suelo estabilizado 稳定土摊铺机	Adoquines de suelo estabilizado sobre orugas 履带式稳定土摊铺机
		Adoquines de suelo estabilizado sobre neumáticos 轮胎式稳定土摊铺机
Maquinaria de construcción de instalaciones auxiliares de pavimento 路面附属设施施工机械	Maquinaria de construcción de barandas 护栏施工机械	Conductor de pila 打桩、拔桩机
		Conductor de pila de perforación 钻孔吊桩机
	Maquinaria de construcción con línea de marcado 标线标志施工机械	Pulverizador de marcado de pintura a temperatura ambiente 常温漆标线喷涂机

17

Grupos/组	Tipos/型	Productos/产品
Maquinaria de construcción de instalaciones auxiliares de pavimento 路面附属设施施工机械	Maquinaria de construcción con línea de marcado 标线标志施工机械	Máquina de dibujo de líneas de marcado por fusión en caliente 热熔漆标线划线机
		Removedor de línea de marcado 标线清除机
	Maquinaria de construcción de zanja lateral y protección de pendiente 边沟、护坡施工机械	Zanja dora 开沟机
		Pavimentadora de zanja lateral 边沟摊铺机
		Pavimentadora de zanja lateral 护坡摊铺机
Maquinaria de mantenimiento de pavimento 路面养护机械	Máquina de mantenimiento multifuncional 多功能养护机	Máquina de mantenimiento multifuncional 多功能养护机
	Máquina de reparación de pavimento asfáltico 沥青路面坑槽修补机	Máquina de reparación de pavimento asfáltico 沥青路面坑槽修补机
	Máquina de reparación de calderas de asfalto 沥青路面加热修补机	Máquina de reparación de calderas de asfalto 沥青路面加热修补机
	Máquina de reparación del chorro 喷射式坑槽修补机	Máquina de reparación del chorro 喷射式坑槽修补机
	Máquina de reparación de regeneración 再生修补机	Máquina de reparación de regeneración 再生修补机
	Máquina de expansión 扩缝机	Máquina de expansión 扩缝机
	Máquina de corte de hoyos 坑槽切边机	Máquina de corte de hoyos 坑槽切边机
	Máquina de cubierta pequeña 小型罩面机	Máquina de cubierta pequeña 小型罩面机
	Cortador mecánico de pavimento 路面切割机	Cortador mecánico de pavimento 路面切割机

Grupos/组	Tipos/型	Productos/产品
Maquinaria de mantenimiento de pavimento 路面养护机械	Aspersor 洒水车	Aspersor 洒水车
	Fresadora de carretera 路面刨铣机	Fresadora de carretera sobre orugas 履带式路面刨铣机
		Fresadora de carretera sobre neumáticos 轮胎式路面刨铣机
	Vehículo de mantenimiento de pavimento asfáltico 沥青路面养护车	Vehículo de mantenimiento de pavimento asfáltico autopropulsado 自行式沥青路面养护车
		Vehículo de mantenimiento de pavimento asfáltico de arrastre 拖式沥青路面养护车
	Trituradora de pavimento de hormigón de cemento 水泥混凝土路面养护车	Trituradora de pavimento de hormigón de cemento autopropulsado 自行式水泥混凝土路面养护车
		Trituradora de pavimento de hormigón de cemento de arrastre 拖式水泥混凝土路面养护车
	Máquina de sello de mortero diluido 水泥混凝土路面破碎机	Máquina de sello de mortero diluido autopropulsado 自行式水泥混凝土路面破碎机
		Máquina de sello de mortero diluido de arrastre 拖式水泥混凝土路面破碎机
	Máquina de retorno de arena 稀浆封层机	Máquina de retorno de arena tipo raedera 自行式稀浆封层机
		Máquina de retorno de arena de rotor 拖式稀浆封层机
	Máquina de tragamonedas de pavimento 回砂机	Máquina de reciclo de arena de raedera 刮板式回砂机
		Máquina de reciclo de arena de rotor 转子式回砂机
	Máquina de rayar cañones de superficies viales 路面开槽机	Máquina de rayar cañones de superficies viales manual 手扶式路面开槽机
		Máquina de rayar cañones de superficies viales automática 自行式路面开槽机

19

Grupos/组	Tipos/型	Productos/产品
20 Maquinaria de mantenimiento de pavimento 路面养护机械	Máquina llenadora de superficies viales 路面灌缝机	Máquina llenadora de superficies viales de arrastre 拖式路面灌缝机
		Máquina llenadora de superficies viales autopropulsada 自行式路面灌缝机
	Máquina de calefacción de pavimento asfáltico 沥青路面加热机	Máquina de calefacción de pavimento asfáltico autopropulsado 自行式沥青路面加热机
		Máquina de calefacción de pavimento asfáltico de arrastre 拖式沥青路面加热机
		Máquina de calefacción de pavimento asfáltico colgante 悬挂式沥青路面加热机
	Máquina de calefacción de pavimento asfáltico 沥青路面热再生机	Máquina de calefacción de pavimento asfáltico autopropulsado 自行式沥青路面热再生机
		Máquina de calefacción de pavimento asfáltico de arrastre 拖式沥青路面热再生机
		Máquina de calefacción de pavimento asfáltico colgante 悬挂式沥青路面热再生机
	Regenerador frío de pavimento asfáltico 沥青路面冷再生机	Regenerador frío de pavimento asfáltico autopropulsado 自行式沥青路面冷再生机
		Regenerador frío de pavimento asfáltico de arrastre 拖式沥青路面冷再生机
		Regenerador frío de pavimento asfáltico colgante 悬挂式沥青路面冷再生机
	Equipos de reciclaje de asfalto emulsionado 乳化沥青再生设备	Equipos de reciclaje de asfalto emulsionado fijos 固定式乳化沥青再生设备
		Equipos de reciclaje de asfalto emulsionado móviles 移动式乳化沥青再生设备

Grupos/组	Tipos/型	Productos/产品
Maquinaria de mantenimiento de pavimento 路面养护机械	Equipos de reciclaje de asfalto de espuma 泡沫沥青再生设备	Equipos de reciclaje de asfalto de espuma fijos 固定式泡沫沥青再生设备
		Equipos de reciclaje de asfalto de asfalto de espuma móviles 移动式泡沫沥青再生设备
	Máquina selladora de grava 碎石封层机	Máquina selladora de grava 碎石封层机
	Tren de mezcla regenerativo in situ 就地再生搅拌列车	Tren de mezcla regenerativo in situ 就地再生搅拌列车
	Calentador de pavimento 路面加热机	Calentador de pavimento 路面加热机
	Máquina remezcladora de calentamiento de pavimento 路面加热复拌机	Máquina remezcladora de calentamiento de pavimento 路面加热复拌机
	Cortadora de césped 割草机	Cortadora de césped 割草机
	Podadora de árboles 树木修剪机	Podadora de árboles 树木修剪机
	Barrendero de pavimento 路面清扫机	Barrendero de pavimento 路面清扫机
	Máquina de limpieza de barandas 护栏清洗机	Máquina de limpieza de barandas 护栏清洗机
	Vehículos de señalización para la seguridad de construcción 施工安全指示牌车	Vehículos de señalización para la seguridad de construcción 施工安全指示牌车
	Máquina de reparación de zanja lateral 边沟修理机	Máquina de reparación de zanja lateral 边沟修理机
	Equipos de iluminación nocturna 夜间照明设备	Equipos de iluminación nocturna 夜间照明设备

21

（续表）

Grupos/组	Tipos/型	Productos/产品
Maquinaria de mantenimiento de pavimento 路面养护机械	Máquina de recuperación de pavimento permeable 透水路面恢复机	Máquina de recuperación de pavimento permeable 透水路面恢复机
	Maquinaria de remoción de nieveMáquina de recuperación de pavimento permeable 除冰雪机械	Removedor de nieve de rotor 转子式除雪机
		Removedor de nieve en forma de pera 梨式除雪机
		Removedor de nieve espiral 螺旋式除雪机
		Removedor de nieve de combinación 联合式除雪机
		Camión de removedor de nieve 除雪卡车
		Agente esparcidor de nieve 融雪剂撒布机
		Máquina de pulverización de nieve 融雪液喷洒机
		Máquina de deshielo del chorro 喷射式除冰雪机
Otras maquinaria de construcción y mantenimiento de pavimento 其他路面施工与养护机械		

7　Máquina de hormigón 混凝土机械

Grupos/组	Tipos/型	Productos/产品
Mezclador 搅拌机	Mezclador cónico de descarga inversa 锥形反转出料式搅拌机	Mezclador concreto de engranaje cónico y descarga inversa 齿圈锥形反转出料混凝土搅拌机
		Mezclador de concreto de descarga de reversión de forma cónico de fricción 摩擦锥形反转出料混凝土搅拌机
		Mezclador diesel de hormigón de descarga de inversión en cono 内燃机驱动锥形反转出料混凝土搅拌机

22

(续表)

Grupos/组	Tipos/型	Productos/产品
Mezclador 搅拌机	Mezclador cónico de descarga inversa 锥形倾翻出料式搅拌机	Mezclador de descarga de hormigón de forma cónica de corona 齿圈锥形倾翻出料混凝土搅拌机
		Mezclador de concreto de descarga de vuelco de forma cónica de fricción 摩擦锥形倾翻出料混凝土搅拌机
		Cargador hidráulico pleno con neumáticos 轮胎式全液压装载
	Mezclador de paleta 涡桨式混凝土搅拌机	Mezclador de paleta 涡桨式混凝土搅拌机
	Mezclador planetario de concreto 行星式混凝土搅拌机	Mezclador planetario de concreto 行星式混凝土搅拌机
	Mezclador de solo eje acostado 单卧轴式搅拌机	Mezclador de concreto de carga mecánica de un solo eje acostado 单卧轴式机械上料混凝土搅拌机
		Mezclador de concreto de carga hidráulica de un solo eje acostado 单卧轴式液压上料混凝土搅拌机
	Mezclador de eje doble acostado 双卧轴式搅拌机	Mezclador de concreto de carga mecánica de solo eje acostado 双卧轴式机械上料混凝土搅拌机
		Mezclador de concreto de carga hidráulica de eje doble acostado 双卧轴式液压上料混凝土搅拌机
	Mezclador continuo 连续式搅拌机	Mezclador de concreto continuo 连续式混凝土搅拌机
Planta de mezcla de hormigón 混凝土搅拌楼	Planta de mezcla cónica de descarga inversa 锥形反转出料式搅拌楼	Planta de mezcla cónica de concreto de descarga inversa con ordenador central doble 双主机锥形反转出料混凝土搅拌楼
	Planta de mezcla cónica de descarga vertida 锥形倾翻出料式搅拌楼	Planta de mezcla cónica de concreto de descarga vertida con ordenador central doble 双主机锥形倾翻出料混凝土搅拌楼
		Planta de mezcla cónica de concreto de descarga vertida con ordenador central triple 三主机锥形倾翻出料混凝土搅拌楼

23

(续表)

Grupos/组	Tipos/型	Productos/产品
Planta de mezcla de hormigón 混凝土搅拌楼	Planta de mezcla cónica de descarga vertida 锥形倾翻出料式搅拌楼	Planta de mezcla cónica de concreto de descarga vertida con ordenador central cuadriple 四主机锥形倾翻出料混凝土搅拌楼
	Planta de mezcla de turbohelice 涡桨式搅拌楼	Planta de mezcla de hormigón de turbohelice con solo ordenador centra 单主机涡桨式混凝土搅拌楼
		Planta de mezcla de hormigón de turbolice con ordenador central doble 双主机涡桨式混凝土搅拌楼
	Planta de mezcla planetaria 行星式搅拌楼	Planta de mezcla planetaria de hormigón con solo ordenador central 单主机行星式混凝土搅拌楼
		Planta de mezcla planetaria de hormigón con ordenador central doble 双主机行星式混凝土搅拌楼
	Planta de mezcla de solo eje 单卧轴式搅拌楼	Planta de mezcla de hormigón de solo eje acostado con solo ordenador central 单主机单卧轴式混凝土搅拌楼
		Planta de mezcla de hormigón de solo eje acostado con ordenador central doble 双主机单卧轴式混凝土搅拌楼
	Planta de mezcla de eje doble 双卧轴式搅拌楼	Planta de mezcla de hormigón de eje doble acostado con solo ordenador central 单主机双卧轴式混凝土搅拌楼
		Planta de mezcla de hormigón de eje doble acostado con ordenador central doble 双主机双卧轴式混凝土搅拌楼
	Planta de mezcla continua 连续式搅拌楼	Planta de mezcla de hormigón continua 连续式混凝土搅拌楼
Estación de mezcla de hormigón 混凝土搅拌站	Estación de mezcla cónica de descarga inversa 锥形反转出料式混凝土搅拌站	Estación de mezcla cónica de descarga inversa 锥形反转出料式混凝土搅拌站

（续表）

Grupos/组	Tipos/型	Productos/产品
Estación de mezcla de hormigón 混凝土搅拌站	Estación de mezcla cónica de descarga de vuelco 锥形倾翻出料式混凝土搅拌站	Estación de mezcla cónica de descarga de vuelco 锥形倾翻出料式混凝土搅拌站
	Estación de mezcla de turbohelice 涡桨式混凝土搅拌站	Estación de mezcla de hormigón de turbohelice 涡桨式混凝土搅拌站
	Estación de mezcla planetaria 行星式混凝土搅拌站	Estación de mezcla de hormigón planetaria 行星式混凝土搅拌站
	Estación de mezcla de solo eje acostado 单卧轴式混凝土搅拌站	Estación de mezcla de hormigón de solo eje acostado 单卧轴式混凝土搅拌站
	Estación de mezcla de eje doble acostado 双卧轴式混凝土搅拌站	Estación de mezcla de hormigón de eje doble acostado 双卧轴式混凝土搅拌站
	Estación de mezcla continua 连续式混凝土搅拌站	Estación de mezcla de hormigón continua 连续式混凝土搅拌站
Camión batidor de transporte de hormigón Camión batidor de transporte autopropulsado 混凝土搅拌运输车	Camión batidor de transporte autopropulsado 自行式搅拌运输车	Camión batidor de transporte de hormigón con fuerza del volante 飞轮取力混凝土搅拌运输车
		Camión batidor de transporte de hormigón con fuerza del extremo delantero 前端取力混凝土搅拌运输车
		Camión batidor de transporte de hormigón de unidad separada 单独驱动混凝土搅拌运输车
		Camión batidor de transporte de hormigón de descarga frontal 前端卸料混凝土搅拌运输车
		Camión batidor de transporte de hormigón con cinta transportadora 带皮带输送机混凝土搅拌运输车
Camión batidor de transporte de hormigón 混凝土搅拌运输车	Camión batidor de transporte autopropulsado 自行式搅拌运输车	Camión batidor de transporte de hormigón con dispositivo de carga 带上料装置混凝土搅拌运输车

Grupos/组	Tipos/型	Productos/产品
Camión batidor de transporte de hormigón 混凝土搅拌运输车	Camión batidor de transporte autopropulsado 自行式搅拌运输车	Camión batidor de transporte de hormigón con bomba de hormigón con pluma 带臂架混凝土泵混凝土搅拌运输车
		Camión batidor de transporte de hormigón con mecanismo de volteo 带倾翻机构混凝土搅拌运输车
	Camión batidor de transporte de arrastre 拖式	Camión batidor de transporte de hormigón 混凝土搅拌运输车
Bomba de hormigón 混凝土泵	Bomba fija 固定式泵	Bomba de hormigón fija 固定式混凝土泵
	Bomba de arrastre 拖式泵	Bomba de hormigón de arrastre 拖式混凝土泵
	Bomba montada en un vehículo 车载式泵	Bomba de hormigón montada en un vehículo 车载式混凝土泵
Brazo de colocación de hormigón 混凝土布料杆	Brazo de colocación tipo de rollo 卷折式布料杆	Brazo de colocación de hormigón tipo de rollo 卷折式混凝土布料杆
	Brazo de colocación de hormigón tipo de rollo "Z"形折叠式布料杆	Brazo de colocación de hormigón de forma "Z" "Z"形折叠式混凝土布料杆
	Brazo de colocación telescópico 伸缩式布料杆	Brazo de colocación de hormigón telescópico 伸缩混凝土布料杆
	Brazo de colocación de combinación 组合式布料杆	Brazo de colocación de hormigón tipo de rollo de forma "Z" 卷折"Z"形折叠组合式混凝土布料杆
		Brazo de colocación de hormigón telescópico de forma "Z" "Z"形折叠伸缩组合式混凝土布料杆
		Brazo de colocación de hormigón tipo de rollo telescópico 卷折伸缩组合式混凝土布料杆
Hormigonera con bomba de pluma 臂架式混凝土泵车	Camión bomba integral 整体式泵车	Hormigonera con bomba de pluma integral 整体式臂架混凝土泵车

Grupos/组	Tipos/型	Productos/产品
Hormigonera con bomba de pluma 臂架式混凝土泵车	Camión bomba semi-montado 半挂式泵车	Hormigonera con bomba de pluma semi-montado 半挂式臂架式混凝土泵车
	Camión bomba totalmente montado 全挂式泵车	Hormigonera con bomba de pluma totalmente montado 全挂式臂架式混凝土泵车
Chorro de hormigón 混凝土喷射机	Rociador de cilindro 缸罐式喷射机	Rociador de hormigón de cilindro 缸罐式混凝土喷射机
	Máquina de proyección espira 螺旋式喷射机	Máquina de proyección espiral de hormigón 螺旋式混凝土喷射机
	Máquina de proyección de rotor 转子式喷射机	Máquina de proyección de rotor de hormigón 转子式混凝土喷射机
Manipulador de proyección de concreto 混凝土喷射机械手	Manipulador de proyección de concreto 混凝土喷射机械手	Manipulador de proyección de concreto 混凝土喷射机械手
Carretilla de rociador de hormigón 混凝土喷射台车	Carretilla de rociador de hormigón 混凝土喷射台车	Carretilla de rociador de hormigón 混凝土喷射台车
Máquina de moldeo de hormigón 混凝土浇注机	Máquina de moldeo sobre railes 轨道式浇注机	Máquina de moldeo de hormigón sobre railes 轨道式混凝土浇注机
	Máquina de moldeo neumática 轮胎式浇注机	Máquina de moldeo de hormigón neumática 轮胎式混凝土浇注机
	Máquina de moldeo fija 固定式浇注机	Máquina de moldeo de hormigón fija 固定式混凝土浇注机
Vibrador de hormigón 混凝土振动器	Vibrador interno 内部振动式振动器	Vibrador planetario de hormigón electrónico insertado con eje flexible 电动软轴行星插入式混凝土振动器
		Vibrador excéntrico de hormigón eléctrico insertado con eje flexible 电动软轴偏心插入式混凝土振动器

27

Grupos/组	Tipos/型	Productos/产品
Vibrador de hormigón 混凝土振动器	Vibrador interno 内部振动式振动器	Vibrador de hormigón de eje flexible con inyección planetaria de combustión interna 内燃软轴行星插入式混凝土振动器
		Vibrador de hormigón insertado en el motor 电机内装插入式混凝土振动器
	Vibrador externo 外部振动式振动器	Vibrador de hormigón en plano 平板式混凝土振动器
		Vibrador de hormigón externo 附着式混凝土振动器
		Vibrador de hormigón externo de vibración unidireccional 单向振动附着式混凝土振动器
Mesa vibradora de hormigón 混凝土振动台	Mesa vibradora de hormigón 混凝土振动台	Mesa vibradora de hormigón 混凝土振动台
Vehículo de transporte para cemento de bulto y de descarga neumática 气卸散装水泥运输车	Vehículo de transporte para cemento de bulto y de descarga neumática 气卸散装水泥运输车	Vehículo de transporte para cemento de bulto y de descarga neumática 气卸散装水泥运输车
Estación de limpieza y reciclaje de hormigón 混凝土清洗回收站	Estación de limpieza y reciclaje de hormigón 混凝土清洗回收站	Estación de limpieza y reciclaje de hormigón 混凝土清洗回收站
Planta de dosificación de hormigón 混凝土配料站	Planta de dosificación de hormigón 混凝土配料站	Planta de dosificación de hormigón 混凝土配料站
Otras máquinas de hormigón 其他混凝土机械		

8 Máquina perforadora 掘进机械

Grupos/组	Tipos/型	Productos/产品
Máquina perforadora de túnel con frente entero 全断面隧道掘进机	Máquina de escudo 盾构机	Máquina de escudo de equilibrio de presión de tierra 土压平衡式盾构机
		Máquina de escudo de equilibrio de presión de lodo 泥水平衡式盾构机
		Escudo de lodo 泥浆式盾构机
		Escudo de lodo 泥水式盾构机
		Escudo en forma 异型盾构机
	Tuneradora de roca dura（TBM）硬岩掘进机(TBM)	Tuneradora de roca dura（TBM）硬岩掘进机
	Tuneradora combinada 组合式掘进机	Tuneradora combinada 组合式掘进机
Equipo no para excavación 非开挖设备	Taladro dirigido horizontal 水平定向钻	Taladro dirigido horizontal 水平定向钻
	Máquina de empujón de tubo 顶管机	Máquina de empujón de tubo de equilibrio de presión de tierra 土压平衡式顶管机
		Máquina de empujón de tubo de equilibrio de presión de lodo 泥水平衡式顶管机
		Máquina de empujón de tubo de transporte de lodo 泥水输送式顶管机
Máquina perforadora de carreteras 巷道掘进机	Máquina perforadora de voladizo de callejón de roca 悬臂式岩巷掘进机	Máquina perforadora de voladizo de callejón de roca 悬臂式岩巷掘进机
Otras máquinas perforadoras 其他掘进机械		

29

9 Máquina de hinca de pilotes 桩工机械

Grupos/组	Tipos/型	Productos/产品
Hincadora de pilotes de gasóleo 柴油打桩锤	Hincadora de pilotes tubular 筒式打桩锤	Hincadora de pilotes tubular refrigerado por agua 水冷筒式柴油打桩锤
		Hincadora de pilotes tubular refrigerado por viento 风冷筒式柴油打桩锤
	Martillo pilón con barra de guía 导杆式打桩锤	Martillo pilón diesel con barra de guía 导杆式柴油打桩锤
Martillo hidráulico 液压锤	Martillo hidráulico 液压锤	Martillo pilón diesel con barra de guía 液压打桩锤
Martillo de pila vibratorio 振动桩锤	Martillo mecánico 机械式桩锤	Martillo de pila vibratorio normal 普通振动桩锤
		Martillo de pila vibratorio de par variable 变矩振动桩锤
		Martillo de pila vibratorio de frecuencia variable 变频振动桩锤
		Martillo de pila vibratorio de par y frecuencia variable 变矩变频振动桩锤
	Hincadora de pilotes hidromotor 液压马达式桩锤	Hincadora de pilotes hidromotor vibratoria 液压马达式振动桩锤
	Hincadora de pilotes hidráulica 液压式桩锤	Martillo hidráulico vibratorio 液压振动锤
Soporte de pila 桩架	Soporte de pila de martillo de tubo 走管式桩架	Soporte de pila de martillo de diesel de tubo 走管式柴油打桩架
	Soporte de pila de martillo orbita 轨道式桩架	Soporte de pila de martillo diesel orbital 轨道式柴油锤打桩架
	Soporte de pila de martillo de oruga 履带式桩架	Soporte de pila de martillo diesel de oruga 履带三支点式柴油锤打桩架

Grupos/组	Tipos/型	Productos/产品
Soporte de pila 桩架	Soporte de pila de martillo móvil 步履式桩架	Soporte de pila de martillo diesel móvil 步履式桩架
	Soporte de pila de martillo colgante 悬挂式桩架	Soporte de pila de martillo diesel colgante 履带悬挂式柴油锤桩架
Hincadora de pilotes 压桩机	Hincadora de pilotes 机械式压桩机	Hincadora de pilotes 机械式压桩机
	Hincadora de pilotes hidráulica 液压式压桩机	Hincadora de pilotes hidráulica 液压式压桩机
Perforadora 成孔机	Perforadora espiral 螺旋式成孔机	Perforadora de tornillo largo 长螺旋钻孔机
		Perforadora de tornillo largo exprimidora 挤压式长螺旋钻孔机
		Perforadora de tornillo largo de manga 套管式长螺旋钻孔机
		Perforadora de tornillo corto 短螺旋钻孔机
Perforadora 成孔机	Perforadora sumergible 潜水式成孔机	Perforadora sumergible 潜水钻孔机
	Perforadora rotativa positiva y negativa 正反回转式成孔机	Perforadora rotatoria 转盘式钻孔机
		taladradora con cabeza de potencia 动力头式钻孔机
	Punzonadora de perforado y agarre 冲抓式成孔机	Punzonadora de perforado y agarre 冲抓成孔机
	Máquina de taladrar con manguito completo 全套管式成孔机	Máquina de taladrar con manguito completo 全套管钻孔机
	Taladradora de perno 锚杆式成孔机	Taladradora de perno 锚杆钻孔机
	Perforadora móvil 步履式成孔机	Perforadora móvil 步履式旋挖钻孔机

31

(续表)

Grupos/组	Tipos/型	Productos/产品
Perforadora 成孔机	Perforadora de oruga 履带式成孔机	taladradora rotativa de oruga 履带式旋挖钻孔机
	Perforadora montada en vehículo 车载式成孔机	taladradora rotativa montada en vehículo 车载式旋挖钻孔机
	Perforadora de eje múltiple 多轴式成孔机	Perforadora de eje múltiple 多轴钻孔机
Máquina de apertura de zanja para pared continua subterránea 地下连续墙成槽机	Máquina de apertura de zanja de cable de acero 钢丝绳式成槽机	Agarrador de la pared continuo mecánico 机械式连续墙抓斗
	Máquina de apertura de zanja con barra de guía 导杆式成槽机	Agarrador de la pared continuo hidráulico 液压式连续墙抓斗
	Máquina de apertura de zanja con barra de guía semiconductor 半导杆式成槽机	Agarrador de la pared continuo hidráulico 液压式连续墙抓斗
	Máquina de apertura de zanja molienda 铣削式成槽机	Máquina de apertura de zanja molienda de dos ruedas 双轮铣成槽机
	Máquina de apertura de zanja batidora 搅拌式成槽机	mezclador de dos ruedas 双轮搅拌机
	Máquina de apertura de zanja sumergible 潜水式成槽机	Máquina de apertura de zanja vertical de eje múltiple 潜水式垂直多轴成槽机
Martinete de martillo de caída 落锤打桩机	Martinete mecánico 机械式打桩机	Martinete de martillo de caída mecánico 机械式落锤打桩机
	Martinete franco 法兰克式打桩机	Martinete franco 法兰克式打桩机
Máquina reforzada de terraplén suave 软地基加固机械	Máquina reforzada vibrante 振冲式加固机械	Vibrador de chorro de agua 水冲式振冲器
		Vibrador seco 干式振冲器

Grupos/组	Tipos/型	Productos/产品
Máquina reforzada de terraplén suave 软地基加固机械	Máquina reforzada de alza de presa 插板式加固机械	Conductor de pila de alza de presa 插板桩机
	Máquina reforzada de compactación dinámica 强夯式加固机械	Compactador dinámico 强夯机
	Máquina reforzada de vibración 振动式加固机械	Compactador de arena 砂桩机
	Máquina reforzada de chorro rotatoria 旋喷式加固机械	Máquina reforzada de terraplén suave de chorro rotatoria 旋喷式软地基加固机
	Máquina reforzada de mezcla de lechada profunda 注浆式深层搅拌式加固机械	Mezclador de lechada profundo de solo eje 单轴注浆式深层搅拌机
		Mezclador de lechada profundo de eje múltiple 多轴注浆式深层搅拌机
	Máquina reforzada de mezcla de inyección de polvo profunda 粉体喷射式深层搅拌式加固机械	Mezclador de inyección de polvo profundo de solo eje 单轴粉体喷射式深层搅拌机
		Mezclador de inyección de polvo profundo de eje múltiple 多轴粉体喷射式深层搅拌机
Prestatario de la tierra 取土器	Prestatario de la tierra tipo pared gruesa 厚壁取土器	Prestatario de la tierra tipo pared gruesa 厚壁取土器
	Prestatario de la tierra tipo pared delgada abierto 敞口薄壁取土器	Prestatario de la tierra tipo pared delgada abierto 敞口薄壁取土器
	Prestatario de la tierra de pared delgada de pistón libre 自由活塞薄壁取土器	Prestatario de la tierra de pared delgada de pistón libre 自由活塞薄壁取土器
	Prestatario de la tierra de pared delgada de pistón fijo 固定活塞薄壁取土器	Prestatario de la tierra de pared delgada de pistón fijo 固定活塞薄壁取土器

Grupos/组	Tipos/型	Productos/产品
Prestatario de la tierra 取土器	Prestatario de la tierra de pistón fijo hidráulico 水压固定薄壁取土器	Prestatario de la tierra de pistón fijo hidráulico 水压固定薄壁取土器
	Prestatario de la tierra tipo de haz 束节式取土器	Prestatario de la tierra tipo de haz 束节式取土器
	Prestatario de la tierra loess 黄土取土器	Prestatario de la tierra loess 黄土取土器
	Prestatario de la tierra rotativo de triple tubo 三重管回转式取土器	Prestatario de la tierra rotativo de triple tubo de acción sola 三重管单动回转取土器
		Prestatario de la tierra rotativo de triple tubo de acción doble 三重管双动回转取土器
	Trampa de arena 取沙器	Trampa de arena intacta 原状取沙器
andere Pfahlram-maschine 其他桩工机械		

10　Maquinaria municipal y de saneamiento ambiental 市政与环卫机械

Grupos/组	Tipos/型	Productos/产品
Maquinaria de saneamiento ambiental 环卫机械	barredera 扫路车（机）	Barredera 扫路车
		Barredera 扫路机
	Aspirador de polvo 吸尘车	Aspirador de polvo 吸尘车
	Carro de barrido 洗扫车	Carro de barrido 洗扫车
	Camión de limpieza 清洗车	Camión de limpieza 清洗车
		Camión de limpieza de baranda 护栏清洗车

34

（续表）

Grupos/组	Tipos/型	Productos/产品
Maquinaria de saneamiento ambiental 环卫机械	Camión de limpieza 清洗车	Arandela de pared 洗墙车
	Vehículo de rociadura 洒水车	Vehículo de rociadura 洒水车
		Vehículo de rociadura de limpieza 清洗洒水车
		Pulverizador para repoblar 绿化喷洒车
	Camión de succión 吸粪车	Camión de succión 吸粪车
	Carro de baño 厕所车	Carro de baño 厕所车
	Camión de basura 垃圾车	Camión de basura comprimido 压缩式垃圾车
		Camión de basura auto descarga 自卸式垃圾车
		Vehículo de recolección de basura 垃圾收集车
		Camión de recolección de basura de auto descarga 自卸式垃圾收集车
		Camión de recolección de basura de tres ruedas 三轮垃圾收集车
		Camión de basura de auto carga y descarga 自装卸式垃圾车
		Camión de basura de brazo oscilante 摆臂式垃圾车
		Camión de basura con vagoneta desmontable 车厢可卸式垃圾车
		Camión de basura clasificado 分类垃圾车
		Camión de basura clasificado comprimido 压缩式分类垃圾车
		Vehículo de transferencia de basura 垃圾转运车

35

(续表)

Grupos/组	Tipos/型	Productos/产品
Maquinaria de saneamiento ambiental 环卫机械	Camión de basura 垃圾车	Camión de basura barril 桶装垃圾运输车
		Camión de basura de cocina 餐厨垃圾车
		Camión de basura médico 医疗垃圾车
	Dispositivos de tratamiento de basura 垃圾处理设备	Vehículo de comprensión de basura 垃圾压缩机
		buldozer de basura de oruga 履带式垃圾推土机
		Excavadora de basura de oruga 履带式垃圾挖掘机
		Vehículo de tratamiento de lixiviado de vertedero de basura 垃圾渗滤液处理车
		Equipo de estación de transferencia de basura 垃圾中转站设备
		Clasificador de basura 垃圾分拣机
		Incinerador de basura 垃圾焚烧炉
		Trituradora de basura 垃圾破碎机
		Equipo de compostaje de residuos 垃圾堆肥设备
		Equipo de relleno de basura 垃圾填埋设备
Maquinaria municipal 市政机械	Maquinaria de dragado de tuberías 管道疏通机械	Camión de alcatarillado de tipo aspiración 吸污车
		Camión de alcatarillado de tipo aspiración de limpieza 清洗吸污车
	Máquinas de dragado de tubo 管道疏通机械	Vehículo de mantenimiento de alcatarillado integrado 下水道综合养护车

Grupos/组	Tipos/型	Productos/产品
Maquinaria municipal 市政机械	Máquinas de dragado de tubo 管道疏通机械	Vehículo de dragado de alcantarillado 下水道疏通车
		Vehículo de limpieza y dragado de alcatarillado 下水道疏通清洗车
		Excavadora 掏挖车
		Equipos de inspección y reparación de alcantarillado 下水道检查修补设备
		Camión de transporte de lodos 污泥运输车
	Máquinas de empotrar de poste eléctrico 电杆埋架机械	Máquinas de empotrar de poste eléctrico 电杆埋架机械
	Máquina de tendido de tubos 管道铺设机械	Máquina de instalación de tubería 铺管机
Equipo de estacionamiento y de lavado de autos 停车洗车设备	Equipo de estacionamiento de circulación vertica 垂直循环式停车设备	Equipo de estacionamiento de circulación vertical de entrada y salida superior 垂直循环式下部出入式停车设备
		Equipo de estacionamiento de circulación vertical de entrada y salida media 垂直循环式中部出入式停车设备
		Esquipo de estacionamiento de circulación vertical de entrada y salida inferior 垂直循环式上部出入式停车设备
	Equipo de estacionamiento de circulación de plantas múltiples 多层循环式停车设备	Equipo de estacionamiento redondo de plantas múltiple 多层圆形循环式停车设备
		Equipo de estacionamiento cuadrado de plantas múltiples 多层矩形循环式停车设备
	Equipo de estacionamiento de circulación horizontal 水平循环式停车设备	Equipo de estacionamiento redondo de circulación horizontal 水平圆形循环式停车设备

37

(续表)

Grupos/组	Tipos/型	Productos/产品
Equipo de estacionamiento y de lavado de autos 停车洗车设备	Equipo de estacionamiento de circulación horizontal 水平循环式停车设备	Equipo de estacionamiento cuadrado de circulación horizonta 水平矩形循环式停车设备
	Equipo de estacionamiento tipo elevador 升降机式停车设备	Equipo de estacionamiento vertical tipo elevador 升降机纵置式停车设备
		Equipo de estacionamiento transversal tipo elevador 升降机横置式停车设备
		Equipo de estacionamiento redondo tipo elevador 升降机圆置式停车设备
	Equipo de estacionamiento tipo elevador móvil 升降移动式停车设备	Equipo de estacionamiento vertical tipo elevador móvil 升降移动纵置式停车设备
		Equipo de estacionamiento transversal tipo elevador móvil 升降移动横置式停车设备
	Equipo de estacionamiento plano recíproco 平面往复式停车设备	Equipo de estacionamiento plano recíproco transportador 平面往复搬运式停车设备
		Equipo de estacionamiento plano recíproco de contención 平面往复搬运收容式停车设备
	Equipo de estacionamiento de dos plantas 两层式停车设备	Equipo de estacionamiento de dos plantas tipo elevador 两层升降式停车设备
		Equipo de estacionamiento de dos plantas tipo elevador de atravesar 两层升降横移式停车设备
	Equipo de estacionamiento de plantas múltiples 多层式停车设备	Equipo de estacionamiento de plantas múltiples tipo elevador 多层升降式停车设备
		Equipo de estacionamiento tipo elevador de atravesar 多层升降横移式停车设备
	Equipo de estacionamiento 汽车用回转盘停车设备	Plataforma giratoria para autos 旋转式汽车用回转盘
		Plataforma giratoria móvi 旋转移动式汽车用回转盘

（续表）

Grupos/组	Tipos/型	Productos/产品
Equipo de estacionamiento y de lavado de autos 停车洗车设备	Equipo de estacionamiento de elevador para autos 汽车用升降机停车设备	Ascensor elevador para autos 升降式汽车用升降机
		Ascensor elevador giratorio para autos 升降回转式汽车用升降机
		Ascensor elevador transversal para autos 升降横移式汽车用升降机
	Equipo de estacionamiento de plataforma giratoria 旋转平台停车设备	Plataforma giratoria 旋转平台
	Maquinaria de lavado de autos 洗车场机械设备	Maquinaria de lavado de autos 洗车场机械设备
Maquinaria de jardinería 园林机械	Excavadora de hoyo para árboles 植树挖穴机	Excavadora de hoyo para árboles autopropulsada 自行式植树挖穴机
		Excavadora de hoyo para árboles manual 手扶式植树挖穴机
	Máquina de trasplante de árbol 树木移植机	Máquina de trasplante de árbol autopropulsada 自行式树木移植机
		Máquina de trasplante de árbol de tracción 牵引式树木移植机
		Máquina de trasplante de árbol colgante 悬挂式树木移植机
	Transportador de árbol 运树机	Remolque de cucharones múltiples de árbol 多斗拖挂式运树机
	Pulverizador para repoblar de multiusos 绿化喷洒多用车	Pulverizador para repoblar de multiusos hidráulico 液力喷雾式绿化喷洒多用车
Maquinaria de jardinería 园林机械	Segadora 剪草机	Cortacésped de cuchillo giratorio manual 手推式旋刀剪草机

(续表)

Grupos/组	Tipos/型	Productos/产品
Maquinaria de jardinería 园林机械	Segadora 剪草机	Segadora de césped con fresa helicoidal de remolque 拖挂式滚刀剪草机
		Segadora de césped con fresa helicoidal con asiento 乘座式滚刀剪草机
		Segadora de césped con fresa helicoidal autopropulsada 自行式滚刀剪草机
		Segadora de césped con fresa helicoidal manual 手推式滚刀剪草机
		Segadora alternativa autopropulsada 自行式往复剪草机
		Segadora alternativa manual 手推式往复剪草机
		Segadora de cuchillo de flagelar 甩刀式剪草机
		Cortadora de césped de cojín de aire 气垫式剪草机
Equipo de entretenimiento 娱乐设备	Equipo de entretenimiento de coche 车式娱乐设备	Pequeño coche de carreras 小赛车
		Carro de choque 碰碰车
		Carro de observación 观览车
		Carro de batería 电瓶车
		Carro de panorama 观光车
	Equipo de entretenimiento de agua 水上娱乐设备	Barco de la batería 电瓶船
		Bote a pedal 脚踏船
		Bote de choque 碰碰船
		Bote torrente 激流勇进船
		Yate de agua 水上游艇

（续表）

Grupos/组	Tipos/型	Productos/产品
Equipo de entretenimiento 娱乐设备	Equipo de entretenimiento del suelo 地面娱乐设备	Máquina de diversión 游艺机
		Trampolín 蹦床
		Carrusel 转马
		Karting 风驰电掣
	Equipo de entretenimiento volador 腾空娱乐设备	Avión giratorio de auto control 旋转自控飞机
		Cohete luna 登月火箭
		Montaña rusa 空中转椅
		Silla giratoria aérea 宇宙旅行
	Otros equipos de entretenimiento 其他娱乐设备	Otros equipos de entretenimiento 其他娱乐设备
Otras maquinarias municipales y de saneamiento ambiental 其他市政与环卫机械		

41

11 Maquinaria para producto de hormigón 混凝土制品机械

Grupos/组	Tipos/型	Productos/产品
Máquina de moldear para bloque de concreto 混凝土砌块成型机	Móvil 移动式	Máquina de moldear para bloque de concreto de desmoldeo hidráulica móvil 移动式液压脱模混凝土砌块成型机
		Máquina de moldear para bloque de concreto de desmoldeo mecánica móvil 移动式机械脱模混凝土砌块成型机
		Máquina de moldear para bloque de concreto de desmoldeo manual móvil 移动式人工脱模混凝土砌块成型机

Grupos/组	Tipos/型	Productos/产品
Máquina de moldear para bloque de concreto 混凝土砌块成型机	Fijo 固定式	Máquina de moldear para bloque de concreto de desmolde hidráulica de vibración de molde fija 固定式模振液压脱模混凝土砌块成型机
		Máquina de moldear para bloque de concreto de desmolde mecánica de vibración de molde fija 固定式模振机械脱模混凝土砌块成型机
		Máquina de moldear para bloque de concreto de desmolde manual de vibración de molde fija 固定式模振人工脱模混凝土砌块成型机
		Máquina de moldear para bloque de concreto de desmolde hidráulica de vibración de plataforma fija 固定式台振液压脱模混凝土砌块成型机
		Máquina de moldear para bloque de concreto de desmolde mecánica de vibración de plataforma fija 固定式台振机械脱模混凝土砌块成型机
		Máquina de moldear para bloque de concreto de desmolde manual de vibración de plataforma fija 固定式台振人工脱模混凝土砌块成型机
	Laminado 叠层式	Máquina de moldear para bloque de concreto laminada 叠层式混凝土砌块成型机
	Distribución por capas 分层布料式	Máquina de moldear para bloque de concreto de distribución por capas 分层布料式混凝土砌块成型机
Conjunto de instalación para producción de bloque de concreto 混凝土砌块生产成套设备	Automático 全自动	Línea de producción de bloque de concreto de vibración de plataforma automática 全自动台振混凝土砌块生产线

Grupos/组	Tipos/型	Productos/产品
Conjunto de instalación para producción de bloque de concreto 混凝土砌块生产成套设备	Automático 全自动	Línea de producción de bloque de concreto de vibración de molde automática 全自动模振混凝土砌块生产线
	Semi-automático 半自动	Línea de producción de bloque de concreto de vibración de plataforma semi-automática 半自动台振混凝土砌块生产线
		Línea de producción de bloque de concreto de vibración de molde semi-automática 半自动模振混凝土砌块生产线
	Simple 简易式	Línea de producción de bloque de concreto de vibración de plataforma simple 简易台振混凝土砌块生产线
		Línea de producción de bloque de concreto de vibración de plataforma simple 简易模振混凝土砌块生产线
Conjunto de instalación de bloque de concreto de aireación 加气混凝土砌块成套设备	Conjunto de instalación de bloque de concreto de aireación 加气混凝土砌块设备	Conjunto de instalación de bloque de concreto de aireación 加气混凝土砌块生产线
Conjunto de instalación de bloque de concreto de espuma 泡沫混凝土砌块成套设备	Conjunto de instalación de bloque de concreto de espuma 泡沫混凝土砌块设备	Conjunto de instalación de bloque de concreto de espuma 泡沫混凝土砌块生产线
Máquina de moldeo de losa hueca de hormigón 混凝土空心板成型机	Extrusión 挤压式	Laminador de extrusión para losa hueca de hormigón de bloque simple de vibración externa 外振式单块混凝土空心板挤压成型机
		Laminador de extrusión para losa hueca de hormigón de doble bloques de vibración externa 外振式双块混凝土空心板挤压成型机

43

Grupos/组	Tipos/型	Productos/产品
Máquina de moldeo de losa hueca de hormigón 混凝土空心板成型机	Extrusión 挤压式	Laminador de extrusión para losa hueca de bloque simple de vibración interna 内振式单块混凝土空心板挤压成型机
		Laminador de extrusión para losa hueca de doble bloques de vibración interna 内振式双块混凝土空心板挤压成型机
	Empuje 推压式	Laminador de empuje para losa hueca de bloque simple de vibración externa 外振式单块混凝土空心板推压成型机
		Laminador de empuje para losa hueca de doble bloques de vibración externa 外振式双块混凝土空心板推压成型机
		Laminador de empuje para losa hueca de bloque de bloque simple de vibración interna 内振式单块混凝土空心板推压成型机
		Laminador de empuje para losa hueca de doble bloques de vibración interna 内振式双块混凝土空心板推压成型机
	Moldeo de estirante 拉模式	Laminador de moldeo de estirante para losa hueca de vibración externa autopropulsado 自行式外振混凝土空心板拉模成型机
		Laminador de moldeo de estirante para losa hueca de vibración externa de remolque 牵引式外振混凝土空心板拉模成型机
		Laminador de moldeo de estirante para losa hueca de vibración interna autopropulsado 自行式内振混凝土空心板拉模成型机
		Laminador de moldeo de estirante para losa hueca de vibración interna de remolque 牵引式内振混凝土空心板拉模成型机
Máquina de moldeo del componente de hormigón 混凝土构件成型机	Máquina de moldeo de mesa de vibración 振动台式成型机	Máquina de moldeo del componente de hormigón de mesa de vibración eléctrica 电动振动台式混凝土构件成型机

（续表）

Grupos/组	Tipos/型	Productos/产品
Máquina de moldeo del componente de hormigón 混凝土构件成型机	Máquina de moldeo de mesa de vibración 振动台式成型机	Máquina de moldeo del componente de hormigón de mesa de vibración de aire 气动振动台式混凝土构件成型机
		Máquina de moldeo del componente de hormigón de mesa de vibración sin soporte 无台架振动台式混凝土构件成型机
		Máquina de moldeo del componente de hormigón de mesa de vibración de dirección fija horizontal 水平定向振动台式混凝土构件成型机
		Máquina de moldeo del componente de hormigón de mesa de vibración de impacto 冲击振动台式混凝土构件成型机
		Máquina de moldeo del componente de hormigón de mesa de vibración de rodillo 滚轮脉冲振动台式混凝土构件成型机
		Máquina de moldeo del componente de hormigón de mesa de vibración de combinación de segmentación 分段组合振动台式混凝土构件成型机
	Máquina de moldeo con disco rotativo de compresión 盘转压制式成型机	Máquina de moldeo del componente de hormigón con disco rotativo de compresión 混凝土构件盘转压制成型机
	Máquina de moldeo de palanca de compresión 杠杆压制式成型机	Máquina de moldeo del componente de hormigón de palanca de compresión 混凝土构件杠杆压制成型机
	Línea larga tipo pedestal 长线台座式	Equipamiento completo de producción del componente de hormigón de línea larga tipo pedestal 长线台座式混凝土构件生产成套设备
	Molde plano de vinculación 平模联动式	Equipamiento completo de producción del componente de hormigón de molde plano de vinculación 平模联动式混凝土构件生产成套设备

45

（续表）

Grupos/组	Tipos/型	Productos/产品
Máquina de moldeo del componente de hormigón 混凝土构件成型机	Unidad de vinculación 机组联动式	Equipamiento completo de producción del componente de hormigón de unidad de vinculación 机组联动式混凝土构件生产成套设备
Máquina de moldeo del tubo de hormigón 混凝土管成型机	Centrífugo 离心式	Máquina de moldeo del tubo de hormigón de rodillo centrífuga 滚轮离心式混凝土管成型机
		Máquina de moldeo del tubo de hormigón de torno centrífuga 车床离心式混凝土管成型机
	Exprimidor 挤压式	Máquina de moldeo del tubo de hormigón de rodillo de suspensión exprimidora 悬辊式挤压混凝土管成型机
		Máquina de moldeo del tubo de hormigón vertical exprimidora 立式挤压混凝土管成型机
		Máquina de moldeo del tubo de hormigón vertical vibradora exprimidora 立式振动挤压混凝土管成型机
Máquina de moldeo de baldosa de cemento 水泥瓦成型机	Máquina de moldeo de baldosa de cemento 水泥瓦成型机	Máquina de moldeo de baldosa de cemento 水泥瓦成型机
Equipo de moldeo de tablero 墙板成型设备	Equipo de moldeo de tablero 墙板成型机	Equipo de moldeo de tablero 墙板成型机
Máquina de reformar de componente de hormigón 混凝土构件修整机	Dispositivo de succión de vacío 真空吸水装置	Dispositivo de succión de vacío de hormigón 混凝土真空吸水装置
	Cortadora 切割机	Cortadora de hormigón manual 手扶式混凝土切割机
		Cortadora de hormigón autopropulsada 自行式混凝土切割机
	Máquina de alisamiento de superficie 表面抹光机	Máquina de alisamiento de superficie de hormigón manual 手扶式混凝土表面抹光机

46

（续表）

Grupos/组	Tipos/型	Productos/产品
Máquina de reformar de componente de hormigón 混凝土构件修整机	Máquina de alisamiento de superficie 表面抹光机	Máquina de alisamiento de superficie de hormigón autopropulsada 自行式混凝土表面抹光机
	Rectificadora 磨口机	Rectificadora de componente de hormigón 混凝土管件磨口机
Maquinaria de moldes y accesorios 模板及配件机械	Laminador de molde de acero 钢模板轧机	Laminador continuo de molde de acero 钢模版连轧机
		Laminador de convexo de molde de acero 钢模板凸棱轧机
	Máquina de limpieza de molde de acero 钢模板清理机	Máquina de limpieza de molde de acero 钢模板清理机
	Máquina de calibración de molde de acero 钢模板校形机	Máquina de calibración de molde de acero de multiusos 钢模板多功能校形机
	Accesorios de molde de acero 钢模板配件	Máquina de moldeo de tarjeta de forma U de molde de acero 钢模板 U 形卡成型机
		Enderezadora de tubos de acero de molde de acero 钢模板钢管校直机
Otras maquinarias de productos de hormigón 其他混凝土制品机械		

12　Máquina de trabajo aéreo 高空作业机械

Grupos/组	Tipos/型	Productos/产品
Vehículo de trabajo aéreo 高空作业车	Vehículo de trabajo aéreo general 普通型高空作业车	Vehículo de trabajo elevado telescópico 伸臂式高空作业车
		Vehículo de trabajo aéreo con brazo doblado 折叠臂式高空作业车

47

(续表)

Grupos/组	Tipos/型	Productos/产品
Vehículo de trabajo aéreo 高空作业车	Vehículo de trabajo aéreo general 普通型高空作业车	Vehículo de trabajo aéreo de elevación vertical 垂直升降式高空作业车
		Vehículo de trabajo aéreo de combinación 混合式高空作业车
	Coche de poda de árboles altos 高树剪枝车	Coche de poda de árboles altos 高树剪枝车
		Coche de poda de árboles altos de remolque 拖式高空剪枝车
	Coche aislado a gran altura 高空绝缘车	Coche aislado a gran altura con brazo 高空绝缘斗臂车
		Coche aislado a gran altura de remolque 拖式高空绝缘车
	Equipo de inspección y reparación de puente 桥梁检修设备	Máquina de inspección y reparación de puente 桥梁检修车
		Plataforma de inspección y reparación de puente de remolque 拖式桥梁检修平台
	Coche de fotografía aérea 高空摄影车	Coche de fotografía aérea 高空摄影车
	Vehículo de apoyo en tierra para aviación 航空地面支持车	Vehículo de apoyo en tierra para aviación de elevación 航空地面支持用升降车
	Vehículo de deshielo de aviones y protección contra el hielo 飞机除冰防冰车	Vehículo de deshielo de aviones y protección contra el hielo 飞机除冰防冰车
	Vehículo de rescate de fuego 消防救援车	Vehículo de rescate de fuego aéreo 高空消防救援车
Plataforma de trabajo aéreo 高空作业平台	Plataforma de trabajo aéreo de tipo tijeras 剪叉式高空作业平台	Plataforma de trabajo aéreo de tipo tijeras fija 固定剪叉式高空作业平台

（续表）

Grupos/组	Tipos/型	Productos/产品
Plataforma de trabajo aéreo 高空作业平台	Plataforma de trabajo aéreo de tipo tijeras 剪叉式高空作业平台	Plataforma de trabajo aéreo de tipo tijeras fija 移动剪叉式高空作业平台
		Plataforma de trabajo aéreo de tipo tijeras autopropulsada 自行剪叉式高空作业平台
	Plataforma de trabajo aéreo de pluma 臂架式高空作业平台	Plataforma de trabajo aéreo de pluma fija 固定臂架式高空作业平台
		Plataforma de trabajo aéreo de pluma móvil 移动臂架式高空作业平台
		Plataforma de trabajo aéreo de pluma autopropulsada 自行臂架式高空作业平台
	Plataforma de trabajo aéreo con cilindro telescópico 套筒油缸式高空作业平台	Plataforma de trabajo aéreo con cilindro telescópico fija 固定套筒油缸式高空作业平台
		Plataforma de trabajo aéreo con cilindro telescópico móvil 移动套筒油缸式高空作业平台
	Plataforma de trabajo aéreo de mástil 桅柱式高空作业平台	Plataforma de trabajo aéreo de mástil fija 固定桅柱式高空作业平台
		Plataforma de trabajo aéreo de mástil móvi 移动桅柱式高空作业平台
		Plataforma de trabajo aéreo de mástil autopropulsada 自行桅柱式高空作业平台
	Plataforma de trabajo aéreo de bastidor de guía 导架式高空作业平台	Plataforma de trabajo aéreo de bastidor de guía fija 固定导架式高空作业平台
		Plataforma de trabajo aéreo de bastidor de guía móvil 移动导架式高空作业平台
		Plataforma de trabajo aéreo de bastidor de guía autopropulsada 自行导架式高空作业平台

49

Grupos/组	Tipos/型	Productos/产品
Otras máquinas de trabajo aéreo 其他高空作业机械		

13 Maquinaria de decoración 装修机械

Grupos/组	Tipos/型	Productos/产品
Equipo de argamasa y máquina de revestir de pulverización 砂浆制备及喷涂机械	Tamiz de arena 筛砂机	Tamiz de arena eléctrico 电动式筛砂机
	Máquina de mezcla de argamasa 砂浆搅拌机	Mezclador de mortero de eje acostado 卧轴式灰浆搅拌机
		Mezclador de mortero de eje vertical 立轴式灰浆搅拌机
		Mezclador de mortero de eje de rotación del tubo 筒转式灰浆搅拌机
	Bomba de transporte de argamasa 泵浆输送泵	Bomba de mortero de cilindro solo de pistón 柱塞式单缸灰浆泵
		Bomba de mortero de doble cilindros de pistón 柱塞式双缸灰浆泵
		Bomba diafragma de mortero 隔膜式灰浆泵
		Bomba de mortero neumática 气动式灰浆泵
		Bomba extruida de morteros 挤压式灰浆泵
		Bomba de mortero de tornillo 螺杆式灰浆泵
	Máquina de combinación de argamasa 砂浆联合机	Máquina de combinación de mortero 灰浆联合机
	Máquina de revestimiento 淋灰机	Máquina de revestimiento 淋灰机
	Mezclador de cáñamo y mortero 麻刀灰拌和机	Mezclador de cáñamo y mortero 麻刀灰拌和机

（续表）

Grupos/组	Tipos/型	Productos/产品
Máquina de pulverizador de pintura 涂料喷刷机械	Bomba de mortero 喷浆泵	Bomba de mortero 喷浆泵
	Unidad de pulverización sin aire 无气喷涂机	Unidad de pulverización de aire neumática 气动式无气喷涂机
		Unidad de pulverización de aire eléctrica 电动式无气喷涂机
		Unidad de pulverización de aire de combustión interna 内燃式无气喷涂机
		Unidad de pulverización de aire de presión alta 高压无气喷涂机
	Máquina de combinación de argamasa 有气喷涂机	Máquina de combinación de argamasa 抽气式有气喷涂机
		Máquina de combinación de argamasa 自落式有气喷涂机
	Máquina de revestimiento 喷塑机	Máquina de revestimiento 喷塑机
	Mezclador de cáñamo y mortero 石膏喷涂机	Mezclador de cáñamo y mortero 石膏喷涂机
Máquina de preparación y de pulverización de pintura 油漆制备及喷涂机械	Máquina de pulverización de pintura 油漆喷涂机	Máquina de pulverización de pintura 油漆喷涂机
	Mezclador de pintura 油漆搅拌机	Mezclador de pintura 油漆搅拌机
Máquina de acabado de suelo 地面修整机械	Pulidora de la superficie 地面抹光机	Pulidora de la superficie 地面抹光机
	Pulidora de tabla de entarimado 地板磨光机	Pulidora de tabla de entarimado 地板磨光机
	Pulidora de rodapié 踢脚线磨光机	Pulidora de rodapié 踢脚线磨光机

Grupos/组	Tipos/型	Productos/产品
Máquina de acabado de suelo 地面修整机械	Máquina de terrazo del suelo 地面水磨石机	Máquina de terrazo de solo plato 单盘水磨石机
		Máquina de terrazo de doble platos 双盘水磨石机
		Máquina de terrazo del suelo de diamante 金刚石地面水磨石机
	Máquina de piso alisado 地板刨平机	Máquina de piso alisado 地板刨平机
	Enceradora 打蜡机	Enceradora 打蜡机
	Máquina de limpieza de suelo 地面清除机	Máquina de limpieza de suelo 地面清除机
	Cortador mecánico de baldosa 地板砖切割机	Cortador mecánico de baldosa 地板砖切割机
Máquina para decoración de techo 屋面装修机械	Máquina de asfalto 涂沥青机	Máquina de asfalto de techo 屋面涂沥青机
	Maquina de fieltro 铺毡机	Máquina de fieltro de techo 屋面铺毡机
Barquilla de trabajo aéreo 高处作业吊篮	Barquilla de trabajo aéreo manual 手动式高处作业吊篮	Barquilla de trabajo aéreo manual 手动高处作业吊篮
	Barquilla de trabajo aéreo neumática 气动式高处作业吊篮	Barquilla de trabajo aéreo neumática 气动高处作业吊篮
	Barquilla de trabajo aéreo eléctrica 电动式高处作业吊篮	Barquilla de trabajo aéreo eléctrica de escalada 电动爬绳式高处作业吊篮
		Barquilla de trabajo aéreo eléctrica del cabrestante 电动卷扬式高处作业吊篮
Máquina limpiadora de ventanas 擦窗机	Máquina limpiadora de ventanas rotativa 轮毂式擦窗机	Máquina limpiadora de ventanas rotativa de amantillar telescópico 轮毂式伸缩变幅擦窗机
		Máquina limpiadora de ventanas rotativa de amantillar de carro pequeño 轮毂式小车变幅擦窗机

Grupos/组	Tipos/型	Productos/产品
Máquina limpiadora de ventanas 擦窗机	Máquina limpiadora de ventanas rotativa 轮毂式擦窗机	Máquina limpiadora de ventanas rotativa de amantillar de brazo móvil 轮毂式动臂变幅擦窗机
	Máquina limpiadora de ventanas sobre raíles de techo 屋面轨道式擦窗机	Máquina limpiadora de ventanas sobre raíles de techo de amantillar telescópico 屋面轨道式伸缩臂变幅擦窗机
		Máquina limpiadora de ventanas sobre raíles de techo de amantillar de carro pequeño 屋面轨道式小车变幅擦窗机
		Máquina limpiadora de ventanas sobre raíles de techo de amantillar de brazo móvil 屋面轨道式动臂变幅擦窗机
	Máquina limpiadora de ventanas sobre raíles colgantes 悬挂轨道式擦窗机	Máquina limpiadora de ventanas sobre raíles colgantes 悬挂轨道式擦窗机
	Máquina limpiadora de ventanas con acoplamiento insertado 插杆式擦窗机	Máquina limpiadora de ventanas con acoplamiento insertado 插杆式擦窗机
	Máquina limpiadora de ventanas tipo de dispositiva 滑梯式擦窗机	Máquina limpiadora de ventanas tipo de dispositiva 滑梯式擦窗机
Máquina de decoración de construcción 建筑装修机具	Máquina de clavar 射钉机	Máquina de clavar 射钉机
	Raspador 铲刮机	Raspador eléctrico 电动铲刮机
	Máquina de rayar cañone 开槽机	Máquina de rayar cañones de hormigón 混凝土开槽机
	Cortador de piedra 石材切割机	Cortador de piedra 石材切割机
	Cortador de material seccional 型材切割机	Cortador de material seccional 型材切割机

53

Grupos/组	Tipos/型	Productos/产品
Máquina de decoración de construcción 建筑装修机具	Máquina de pelar 剥离机	Máquina de pelar 剥离机
	Pulidora angular 角向磨光机	Pulidora angular 角向磨光机
	Cortador de hormigón 混凝土切割机	Cortador de hormigón 混凝土切割机
	Cortador de juntas de hormigón 混凝土切缝机	Cortador de juntas de hormigón 混凝土切缝机
	Máquina de perforación de concreto 混凝土钻孔机	Máquina de perforación de concreto 混凝土钻孔机
	Pulidora de terrazo 水磨石磨光机	Pulidora de terrazo 水磨石磨光机
	Pico eléctrico 电镐	Pico eléctrico 电镐
Otras maquinarias de decoración 其他装修机械	Máquina de empapelar 贴墙纸机	Máquina de empapelar 贴墙纸机
	Máquina de limpieza de piedra de tornillo 螺旋洁石机	Máquina de limpieza de piedra de solo tornillo 单螺旋洁石机
	Perforadora 穿孔机	Perforadora 穿孔机
	Máquina de inyección de mortero de canal de poro 孔道压浆剂	Máquina de inyección de mortero de canal de poro 孔道压浆剂
	Dobladora de pipa 弯管机	Dobladora de pipa 弯管机
	Máquina de cortador y enrosque de tubo 管子套丝切断机	Máquina de cortador y enrosque de tubo 管子套丝切断机
	Máquina para curvar roscas en tubería 管材弯曲套丝机	Máquina para curvar roscas en tubería 管材弯曲套丝机
	Máquina biseladora 坡口机	Máquina biseladora eléctrica 电动坡口机

（续表）

Grupos/组	Tipos/型	Productos/产品
Otras maquinarias de decoración 其他装修机械	Máquina de recubrimiento elástico 弹涂机	Máquina de revestimiento elástico eléctrica 电动弹涂机
	Máquina de revestimiento en rollo 滚涂机	Máquina de revestimiento en rollo eléctrica 电动滚涂机

14 Máquina de procesamiento de barra de acero y pretensada 钢筋及预应力机械

Grupos/组	Tipos/型	Productos/产品
Máquina de refuerzo de barra de acero 钢筋强化机械	Máquina de estirado en frío de barra de acero 钢筋拉直机	Máquina de estirado en frío del cabrestante 卷扬机式钢筋冷拉机
		Máquina de estirado en frío hidráulica 液压式钢筋冷拉机
		Máquina de estirado en frío de rodillo 滚轮式钢筋冷拉机
	Máquina de extrusión en frío de barra de acero 钢筋冷拔机	Máquina de extrusión en frío de barra de acero vertical 立式冷拔机
		Máquina de extrusión en frío de barra de acero acostada 卧式冷拔机
		Máquina de extrusión en frío de barra de acero de serie 串联式冷拔机
	Máquina de moldear de barra acanalada laminada en frío 冷轧钢筋带肋成型机	Máquina de moldear de barra acanalada laminada en frío positiva 主动冷轧带肋钢筋成型机
		Máquina de moldear de barra acanalada laminada en frío negativa 被动冷轧带肋钢筋成型机
	Máquina de moldeo para barra de acero laminada en frío y torcida 冷轧扭钢筋成型机	Máquina de moldeo para barra de acero laminada en frío y torcida rectangular 长方形冷轧扭钢筋成型机
		Máquina de moldeo para barra de acero laminada en frío y torcida cuadrada 正方形冷轧扭钢筋成型机

Grupos/组	Tipos/型	Productos/产品
Máquina de refuerzo de barra de acero 钢筋强化机械	Máquina de moldeo para barra de acero helicoidal de estiramiento en frío 冷拔螺旋钢筋成型机	Máquina de moldeo para barra de acero helicoidal de estiramiento en frío cuadrada 方形冷拔螺旋钢筋成型机
		Máquina de moldeo para barra de acero helicoidal de estiramiento en frío redonda 圆形冷拔螺旋钢筋成型机
Máquina de moldeo para barra de acero de una sola pieza 单件钢筋成型机械	Tijera mecánica de barra de acero 钢筋切断机	Tijera mecánica manual de barra de acero 手持式钢筋切断机
		Tijera mecánica acostada de barra de acero 卧式钢筋切断机
		Tijera mecánica vertical de barra de acero 立式钢筋切断机
		Tijera mecánica de barra de acero de mandíbulas 颚剪式钢筋切断机
	Línea de producción de tijera mecánica de barra de acero 钢筋切断生产线	Línea de producción de tijeras de guillotina de barra de acero 钢筋剪切生产线
		Línea de producción de aserrar de barra de acero 钢筋锯切生产线
	Enderezador y cortador de barra de acero 钢筋调直切断机	Enderezador y cortador de barra de acero mecánico 械式钢筋调直切断机
		Enderezador y cortador de barra de acero hidráulico 液压式钢筋调直切断机
		Enderezador y cortador de barra de acero neumático 气动式钢筋调直切断机
	Dobladora de barra de acero 钢筋弯曲机	Dobladora de barra de acero mecánica 机械式钢筋弯曲机
		Dobladora de barra de acero hidráulica 液压式钢筋弯曲机

Grupos/组	Tipos/型	Productos/产品
Máquina de moldeo para barra de acero de una sola pieza 单件钢筋成型机械	Línea de producción de dobladora de barra de acero 钢筋弯曲生产线	Línea de producción de dobladora de barra de acero vertica 立式钢筋弯曲生产线
		Línea de producción de dobladora de barra de acero acostada 卧式钢筋弯曲生产线
	Dobladora de cabilla 钢筋弯弧机	Dobladora de cabilla mecánica 机械式钢筋弯弧机
		Dobladora de cabilla hidráulica 液压式钢筋弯弧机
	Máquina de doblar flejes 钢筋弯箍机	Máquina de doblar flejes de control numérico 数控钢筋弯箍机
	Máquina de moldeo para rosca de barra de acero 钢筋螺纹成型机	Máquina de moldeo de rosca cónica de barra de acero 钢筋锥螺纹成型机
		Máquina de rosca paralela de barra de acero 钢筋直螺纹成型机
	Línea de producción para ros 钢筋螺纹生产线	Línea de producción para ros 钢筋螺纹生产线
	Máquina de hacer cabeza de barra de acero 钢筋墩头机	Máquina de hacer cabeza de barra de acero 钢筋墩头机
Máquina de moldeo para barra de acero combinada 组合钢筋成型机械	Máquina de moldeo de mallazo 钢筋网成型机	Máquina de moldeo de mallazo soldado 钢筋网焊接成型机
	Máquina de moldeo de jaula metálica 钢筋笼成型机	Máquina de moldeo de jaula metálica de soldadura manual 手动焊接钢筋笼成型机
		Máquina de moldeo de jaula metálica de soldadura automática 自动焊接钢筋笼成型机
	Máquina de moldeo de armadura de barra de acero 钢筋桁架成型机	Máquina de moldeo de armadura de barra de acero mecánica 机械式钢筋桁架成型机
		Máquina de moldeo de armadura de barra de acero hidráulica 液压式钢筋桁架成型机

Grupos/组	Tipos/型	Productos/产品
Máquina de moldeo para barra de acero combinada 钢筋连接机械	Soldador a tope de barra de acero 钢筋对焊机	oldador a tope de barra de acero mecánico 机械式钢筋对焊机
		Soldador a tope de barra de acero hidráulico 液压式钢筋对焊机
	Soldador de presión de escoria de barra de acero 钢筋电渣压力焊机	Soldador de presión de escoria de barra de acero 钢筋电渣压力焊机
	Soldador de presión de aire de barra de acero 钢筋气压焊机	Soldador de presión de aire de barra de acero cerrado 闭合式气压焊机
		Soldador de presión de aire de barra de acero abierto 敞开式气压焊机
	Conexión de extrusora de cilindro de barra de acero 钢筋套筒挤压机	Conexión de extrusora de cilindro de barra de acero radial 径向钢筋套筒挤压机
		Conexión de extrusora de cilindro de barra de acero axial 轴向钢筋套筒挤压机
Máquina pretensada 预应力机械	Excavadora de avance de barra de acero pretensada 预应力钢筋墩头器	excavadora en frío eléctrica 电动冷镦机
		excavadora en frío hidráulica 液压冷镦机
	Tensor de barra de acero pretensado 预应力钢筋张拉机	Tensor mecánico 机械式张拉机
		Tensor hidráulico 液压式张拉机
	Máquina de tirada de filamento pretensada 预应力钢筋穿束机	Máquina de tirada de filamento de pretensada 预应力钢筋穿束机
		Máquina de inyección de mortero pretensada 预应力钢筋灌浆机
	Gato pretensado 预应力千斤顶	Gato pretensado de tarjeta frontal 前卡式预应力千斤顶
		Gato pretensado continuo 连续式预应力千斤顶

58

（续表）

Grupos/组	Tipos/型	Productos/产品
Aparato pretensado 预应力机具	Ancla de acero de refuerzo pretensado 预应力筋用锚具	Ancla pretensada de tarjeta frontal 前卡式预应力锚具
		Ancla pretensada de agujero central 穿心式预应力锚具
	Aparato de fijación de acero de refuerzo pretensado 预应力筋夹具	Aparato de fijación de acero de refuerzo pretensado 预应力筋用夹具
	Conector de acero de refuerzo pretensado 预应力筋用连接器	Conector de acero de refuerzo pretensado 预应力筋用连接器
Otras maquinarias de barra de acero y pretensada 其他钢筋及预应力机械		

15　Máquina de perforación de roca 凿岩机械

Grupos/组	Tipos/型	Productos/产品
Perforadora 凿岩机	Perforadora manual neumática 气动手持式凿岩机	Perforadora manual 手持式凿岩机
	Perforadora neumática 气动凿岩机	Perforadora manual de soporte neumático 手持气腿两用凿岩机
		Taladro de roca de pierna de aire 气腿式凿岩机
		Taladro de roca de alta frecuencia de pierna de aire 气腿式高频凿岩机
		Perforadora neumática hacia arriba 气动向上式凿岩机
		Perforadora neumática de riel 气动导轨式凿岩机
		Perforadora neumática de riel giratoria independientemente 气动导轨式独立回转凿岩机

(续表)

Grupos/组	Tipos/型	Productos/产品
Perforadora 凿岩机	Perforadora manual de combustión interna 内燃手持式凿岩机	Perforadora manual de combustión interna 手持式内燃凿岩机
	Perforadora hidráulica 液压凿岩机	Perforadora hidráulica manual 手持式液压凿岩机
		Perforadora hidráulica de pierna de apoyo 支腿式液压凿岩机
		Perforadora hidráulica de riel 导轨式液压凿岩机
	Perforadora eléctrica 电动凿岩机	Perforadora eléctrica manual 手持式电动凿岩机
		Perforadora eléctrica de pierna de apoyo 支腿式电动凿岩机
		Perforadora eléctrica de riel 导轨式电动凿岩机
Carro taladrador y máquina de perforación al aire libre 露天钻车钻机	Máquina de perforación al aire libre neumática, semi- hidráulica de oruga 气动、半液压履带式露天钻机	Máquina de perforación al aire libre de oruga 履带式露天钻机
		Máquina de perforación a cielo abierto de pozo de oruga 履带式潜孔露天潜孔钻机
		Máquina de perforación a cielo abierto de pozo de oruga de presión mediana/alta 履带式潜孔露天中压/高压潜孔钻机
	Carro taladrador ferroviario al aire libre neumático, semi- hidráulico 气动、半液压轨轮式露天钻车	Carro taladrador en rueda 轮胎式露天钻车
		Carro taladrador ferroviario al aire libre 轨轮式露天钻车
	Máquina de perforación hidráulica de oruga 液压履带式钻机	Máquina de perforación hidráulica al aire libre de oruga 履带式露天液压钻机
		Máquina de perforación hidráulica al cielo abierto de oruga 履带式露天液压潜孔钻机

Grupos/组	Tipos/型	Productos/产品
Carro taladrador y máquina de perforación al aire libre 露天钻车钻机	Carro taladrador hidráulico 液压钻车	Carro taladrador hidráulico al aire libre de rueda 轮胎式露天液压钻车
		Carro taladrador hidráulico al aire libre de riel 轨轮式露天液压钻车
Vagón perforador/ máquina perforadora del fondo del pozo 井下钻车钻机	Máquina perforadora neumática，semi-hidráulica de oruga 气动、半液压履带式钻机	Máquina perforadora de mina de oruga 履带式采矿机
		Vehículo de perforación de oruga 履带式掘进钻机
		Máquina perforadora de brazo de ancla de oruga 履带式锚杆钻机
	Carro taladrador neumático semi-hidráulico 气动、半液压式钻车	Carro taladrador de mina/excavación/brazo de ancla de rueda 轮胎式采矿/掘进/锚杆钻车
		Carro taladrador de mina/excavación/brazo de ancla de riel 轨轮式采矿/掘进/锚杆钻车
	Máquina de perforación hidráulica de oruga 全液压履带式钻机	Máquina de perforación de mina/excavación/brazo de ancla de oruga 履带式液压采矿/掘进/锚杆钻机
	Carro taladrador hidráulico 全液压钻车	Carro taladrador de mina/excavación/brazo de ancla de rueda 轮胎式液压采矿/掘进/锚杆钻车
		Carro taladrador de mina/excavación/brazo de ancla de riel 轨轮式液压采矿/掘进/锚杆钻车
Martillo de agujero sumergible neumático 气动潜孔冲击器	Martillo de agujero sumergible de presión baja 低气压潜孔冲击器	Martillo de agujero sumergible 潜孔冲击器
	Martillo de agujero sumergible de presión mediana/alta 中压/高压潜孔冲击器	Martillo de agujero sumergible de presión mediana/de presión alta 中压/高压潜孔冲击器

（续表）

Grupos/组	Tipos/型	Productos/产品
Equipo auxiliar de perforación de rocas 凿岩辅助设备	Pierna de apoyo 支腿	Pierna de apoyo de pierna de aire/pierna de agua/pierna de aceite/pierna manual 气腿/水腿/油腿/手摇式支腿
	Soporte de taladro de cilindro 柱式钻架	Soporte de taladro de solo cilindro/doble cilindros 单柱式/双柱式钻架
	Soporte de taladro de disco 圆盘式钻架	Soporte de taladro de disco/paraguas/círculo 圆盘式/伞式/环形钻架
	Otros 其他	Captador de polvo, engrasador, amoladora 集尘器、注油器、磨钎机
Otras maquinarias de perforación 其他凿岩机械		

16　Herramientas neumáticas 气动工具

Grupos/组	Tipos/型	Productos/产品
Herramientas neumáticas giratorias 回转式气动工具	Pluma de grabado 雕刻笔	Pluma de grabado neumática 气动雕刻笔
	Perforador neumático 气钻	Perforador neumático de mango recto/de apretón/de mango lateral/de combinación trépano neumático/taladro dental neumático 直柄式/枪柄式/侧柄式/组合用气钻/气动开颅钻/气动牙钻
	Máquina de tapping 攻丝机	Máquina de tapping neumática de mango recto/de apretón/de combinación 直柄式/枪柄式/组合用气动攻丝机
	Máquina demuela 砂轮机	Máquina de muela neumática de mango recto/angular/vertical/de combinación/cepillo de acero neumático de mango recto 直柄式/角向/断面式/组合气动砂轮机/直柄式气动钢丝刷

Grupos/组	Tipos/型	Productos/产品
Herramientas neumáticas giratorias 回转式气动工具	Máquina pulidora 抛光机	Máquina pulidora vertical/periférica/angular 端面/圆周/角向抛光机
	Pulidor 磨光机	Pulidor neumático vertical/periférico/alternativo/de cinturón abrasivo/de patineta/triangular 端面/圆周/往复式/砂带式/滑板式/三角式气动磨光机
	Fresa 铣刀	Fresa neumática/fresa neumática angular 气铣刀/角式气铣刀
	Sierra neumática 气锯	Sierra neumática de banda/de banda oscilante/de disco/de cadena 带式/带式摆动/圆盘式/链式气锯
		Sierra delgada neumática 气动细锯
	Tijera 剪刀	Máquina de cizalladura neumática/cizalla de recorte por punzonado neumática 气动剪切机/气动冲剪机
	Cuchillo de tornillo neumático 气螺刀	Cuchillo de tornillo neumático de mango recto/de apretón/angular de entrada en pérdida 直柄式/枪柄式/角式失速型气螺刀
	Gatillo neumático 气扳机	Gatillo neumático de torque puro de entrada en pérdida de apretón/de embrague/tipo de cierre automático 枪柄式失速型/离合型/自动关闭型纯扭气扳机
		Gatillo neumático de torque puro angular de entrada de pérdida/de embrague 气动螺柱气扳机
		Gatillo neumático de giro puro de trinquete/de doble velocidades/de combinación 直柄式/直柄式定扭矩气扳机
		Gatillo neumático de manga abierta de forma de garra/de manga cerrada de forma de garra 储能型气扳机

63

Grupos/组	Tipos/型	Productos/产品
Herramientas neumáticas giratorias 回转式气动工具	Gatillo neumático 气扳机	Gatillo neumático de columna helicoidal neumática 直柄式高速气扳机
		Llave neumática de mango recto/de torque definido de mango recto 枪柄式/枪柄式定扭矩/枪柄式高速气扳机
		Gatillo neumático angular/angular de torque definido/angular de alta velocidad 角式/角式定扭矩/角式高速气扳机
		Gatillo neumático de combinación 组合式气扳机
		Gatillo neumático de mango recto/apretón/angular/de pulso de control eléctrico 直柄式/枪柄式/角式/电控型脉冲气扳机
	Vibrador 振动器	Vibrador giratorio neumático 回转式气动振动器
Herramientas neumáticas de impacto 冲击式气动工具	Máquina de remache 铆钉机	Máquina de remache neumática de mango recto/de mango doblado/de apretón 直柄式/弯柄式/枪柄式气动铆钉机
		Máquina de arrancar remache neumática/máquina de presionar remache neumática 气动拉铆钉机/压铆钉机
	Martillo neumático para clavar 打钉机	Martillo neumático para clavar/martillo neumático para clavar de martillo de tira/de martillo de "U" 气动打钉机/条形钉/U型钉气动打钉机
	Máquina de encuadernación 订合机	Máquina de encuadernación neumática 气动订合机
	Máquina dobladora 折弯机	Máquina dobladora 折弯机
	Impresora 打印器	Impresora 打印器

（续表）

Grupos/组	Tipos/型	Productos/产品
Herramientas neumáticas de impacto 冲击式气动工具	Alicate 钳	Alicate neumático/alicate hidráulico 气动钳/液压钳
	Máquina de dividir 劈裂机	Máquina de dividir neumática/máquina de dividir hidráulica 气动/液压劈裂机
	Expansor 扩张器	Expansor hidráulico 液压扩张机
	Tijera hidráulica 液压剪	Tijera hidráulica 液压剪
	Mezclador 搅拌机	Mezclador neumático 气动搅拌机
	Flejadora 捆扎机	Flejadora neumática 气动捆扎机
	Máquina de cerrar 封口机	Máquina de cerrar neumática 气动封口机
	Quebrantadora 破碎锤	Quebrantadora neumática 气动破碎锤
	Pico 镐	Pico neumático, pico hidráulico, pico de combustión interna, pico eléctrico 气镐、液压镐、内燃镐、电动镐
	Pala de aire 气铲	Pala neumática de mango recto/de mango curvo/de manivela 直柄式/弯柄式/环柄式气铲/铲石机
	Bateadora de traviesas 捣固机	Bateadora de traviesas neumática/manipulador de durmiente/bateadora de traviesas de apisonar 气动捣固机/枕木捣固机/夯土捣固机
	Escofina 锉刀	Escofina neumática rotatoria/de retorno/rotatoria de retorno/rotatoria oscilante 旋转式/往复式/旋转往复式/旋转摆动式气锉刀
	Raedera 刮刀	Raedera neumática/raedera neumática oscilante 气动刮刀/气动摆动式刮刀
	Pluma de grabado 雕刻机	Pluma de grabado neumática giratoria 回转式气动雕刻机
	Máquina de cincelar 凿毛机	Máquina de cincelar neumática 气动凿毛机

65

（续表）

Grupos/组	Tipos/型	Productos/产品
Herramientas neumáticas de impacto 冲击式气动工具	vibrador 振动器	Barra vibratoria neumática 气动振动棒
		Vibrador neumático 冲击式振动器
Otras maquinarias neumáticas 其他气动机械	Motor neumático 气动马达	Motor neumático de paleta 叶片式气动马达
		Motor neumático de pistón/motor neumático de pistón axial 活塞式/轴向活塞式气动马达
		Neumomotor de engranaje 齿轮式气动马达
		Motor de turbina neumática 透平式气动马达
	Bomba neumática 气动泵	Bomba neumática 气动泵
		Bomba neumática de diafragma 气动隔膜泵
	Elevación neumática 气动吊	Elevación neumática 环链式/钢绳式气动吊
	Cabrestante neumático 气动绞车/绞盘	Cabrestante neumático 气动绞车/气动绞盘
	Pilote neumático 气动桩机	Hincadora de pilotes neumática/arrancador de pilotes neumático 气动打桩机/拔桩机
Otras herramientas neumáticas 其他气动工具		

17　Maquinarias de construcción militar 军用工程机械

Grupos/组	Tipos/型	Productos/产品
Maquinaria de carretera 道路机械	Vehículo blindado de construcción 装甲工程车	Vehículo blindado de construcción de oruga 履带式装甲工程车
		Vehículo blindado de construcción de rueda 轮式装甲工程车

（续表）

Grupos/组	Tipos/型	Productos/产品
Maquinaria de carretera 道路机械	Vehículo de construcción de usos varios 多用工程车	Vehículo de construcción de usos varios de oruga 履带式多用工程车
		Vehículo de construcción de usos varios de rueda 轮式多用工程车
	Excavadora 推土机	Excavadora de oruga 履带式推土机
		Excavadora de rueda 轮式推土机
	Cargador 装载机	Cargador de rueda 轮式装载机
		Cargador de deslizamiento 滑移装载机
	Nivelador 平地机	Nivelador autopropulsado 自行式平地机
	Rodillo 压路机	Rodillo vibrador 振动式压路机
		Rodillo estático 静作用式压路机
	Máquina quitanieves 除雪机	Quitanieves de rotor 轮子式除雪机
		Soplanieves de vertedera 犁式除雪机
Máquina de fortificación de campo 野战筑城机械	Zanjadora 挖壕机	Zanjadora de oruga 履带式挖壕机
		Zanjadora de rueda 轮式挖壕机
	Excavadora de hoyos 挖坑机	Excavadora de hoyos de oruga 履带式挖坑机
		Excavadora de hoyos de rueda 轮式挖坑机
	Excavadora 挖掘机	Excavadora de oruga 履带式挖掘机
		Excavadora de rueda 轮式挖掘机
		Excavadora de montaña 山地挖掘机

67

Grupos/组	Tipos/型	Productos/产品
Máquina de fortificación de campo 野战筑城机械	Maquinaria de trabajo de campo 野战工事作业机械	Vehículo de trabajo de campo 野战工事作业车
		Máquina de trabajo en la selva de montaña 山地丛林作业机
	Máquina y herramienta de perforación 钻孔机具	Taladro del suelo 土钻
		Taladradora de perforación rápida 快速成孔钻机
	Maquinaria para trabajo en terreno helado 冻土作业机械	Zanjadora de máquina explosiva 机-爆式挖壕机
		Máquina de perforación de terreno helado 冻土钻井机
Maquinaria de fortificación permanente 永备筑城机械	Perforadora 凿岩机	Perforadora 凿岩机
		Jumbo perforador 凿岩台车
	Compresor de aire 空压机	Compresor de aire eléctrico 电动机式空压机
		Compresor de aire de combustión interna 内燃机式空压机
	Máquina de ventilación de túnel 坑道通风机	Máquina de ventilación de túnel 坑道通风机
	Máquina perforadora de combinación de túnel 坑道联合掘进机	Máquina perforadora de combinación de túnel 坑道联合掘进机
	Cargador de roca de túnel 坑道装岩机	Cargador de roca sobre railes 坑道式装岩机
		Cargador de roca neumático 轮胎式装岩机
	Maquinaria para revestimiento de túneles 坑道被覆机械	Jumbo de molde de acero 钢模台车
		Máquina de moldeo de hormigón 混凝土浇注机
		Rociador de hormigón 混凝土喷射机

（续表）

Grupos/组	Tipos/型	Productos/产品
Maquinaria de fortificación permanente 永备筑城机械	Trituradora 碎石机	Trituradora de almejas 颚式碎石机
		Trituradora cónica 圆锥式碎石机
		Trituradora de rodillo 辊式碎石机
		Trituradora de martillo 锤式碎石机
	Máquina de cribado 筛分机	Máquina de cribado de tambor 滚筒式筛分机
	Mezclador de hormigón 混凝土搅拌机	Mezclador de hormigón invertido 倒翻式凝土搅拌机
		Mezclador de hormigón inclinado 倾斜式凝土搅拌机
		Mezclador de hormigón rotatorio 回转式凝土搅拌机
	Maquinaria de procesamiento de barra de acero 钢筋加工机械	Enderezadora y cizallas de barras 直筋-切筋机
		Máquina de doblar barra de acero 弯筋机
	Maquinaria de procesamiento de madera 木材加工机械	Sierra motorizada 摩托锯
		Sierra circular 圆锯机
Maquinaria de distribuir, explorar y recoger minas 布、探、扫雷机械	Maquinaria de distribuir minas 布雷机械	Carro de distribuir minas de oruga 履带式布雷车
		Carro de distribuir minas de rueda 轮胎式布雷车
	Maquinaria de explorar minas 探雷机械	Carro de explorar minas de carretera 道路探雷车
	Maquinaria de recoger minas 扫雷机械	Carro de recoger minas mecánico 机械式扫雷车
		Carro de recoger minas sintético 综合式扫雷车
Maquinaria de montaje de puente 架桥机械	Maquinaria de trabajo de montaje de puente 架桥作业机械	Vehículo de trabajo de montaje de puente 架桥作业车

69

Grupos/组	Tipos/型	Productos/产品
Maquinaria de montaje de puente 架桥机械	Puente mecánico 机械化桥	Puente mecánico de oruga 履带式机械化桥
		Puente mecánico de rueda 轮胎式机械化桥
	Maquinaria de hinca de pilotes 打桩机械	Hincadora de pilotes 打桩机
Maquinaria de suministro de agua de campaña 野战给水机械	Vehículo de reconocimiento de fuente de agua 水源侦察车	Vehículo de reconocimiento de agua 水源侦察车
	Máquina de perforación 钻井机	Máquina de perforación rotatoria 回转式钻井机
		Máquina de perforación de impacto 冲击式钻井机
	Maquinaria para buscar agua 汲水机械	Bomba de agua de combustión interna 内燃抽水机
		Bomba de agua eléctrica 电动抽水机
	Máquina de purificación de agua 净水机械	Vehículo purificador de agua autopropulsado 自行式净水车
		Vehículo purificador de agua de arrastre 拖式净水车
Maquinaria de camuflaje 伪装机械	Vehículo de encuesta de camuflaje 伪装勘测车	Vehículo de encuesta de camuflaje 伪装勘测车
	Vehículo de trabajo de camuflaje 伪装作业车	Vehículo camuflado de trabajo 迷彩作业车
		Vehículo de trabajo de destino falso 假目标制作车
		Vehículo de trabajo de cubrir obstáculos（aéreo）遮障（高空）作业车
Vehículo de trabajo seguro 保障作业车辆	Generatriz móvil 移动式电站	Generatriz móvil autopropulsada 自行式移动式电站
		Generatriz móvil de arrastre 拖式移动式电站

（续表）

Grupos/组	Tipos/型	Productos/产品
Vehículo de trabajo seguro 保障作业车辆	Vehículo de trabajo de construcción de oro y madera 金木工程作业车	Vehículo de trabajo de construcción de oro y madera 金木工程作业车
	Maquinaria de alzamiento 起重机械	Grúa de carro 汽车起重机
		Grúa neumática 轮胎式起重机
	Vehículo de mantenimiento hidráulico 液压检修车	Vehículo de mantenimiento hidráulico 液压检修车
	Vehículo de reparación para maquinaria de construcción 工程机械修理车	Vehículo de reparación para maquinaria de construcción 工程机械修理车
	Carro de remolque especial 专用牵引车	Carro de remolque especial 专用牵引车
	Coche de fuente eléctrica 电源车	Coche de fuente eléctrica 电源车
	Coche de fuente de vapor 气源车	Coche de fuente de vapor 气源车
Otras maquinarias de construcción militar 其他军用工程机械		

18 Elevador y escalera mecánica 电梯及扶梯

Grupos/组	Tipos/型	Productos/产品
Elevador 电梯	Elevador de pasajeros 乘客电梯	Elevador de pasajeros de corriente alterna 交流乘客电梯
		Elevador de pasajeros de corriente continua 直流乘客电梯

Grupos/组	Tipos/型	Productos/产品
Elevador 电梯	Elevador de pasajeros 乘客电梯	Elevador de pasajeros hidráulico 液压乘客电梯
	Elevador de mercancías 载货电梯	Elevador de mercancías de corriente alterna 交流载货电梯
		Elevador de mercancías hidráulico 液压载货电梯
	Ascensor de pasajeros y mercancías 客货电梯	Ascensor de pasajeros y mercancías de corriente alterna 交流客货电梯
		Ascensor de pasajeros y mercancías de corriente continua 直流客货电梯
		Ascensor de pasajeros y mercancías hidráulico 液压客货电梯
	Ascensor de cama 病床电梯	Ascensor de cama de corriente alterna 交流病床电梯
		Ascensor de cama hidráulico 液压病床电梯
	Ascensor residencial 住宅电梯	Ascensor residencial de corriente alterna 交流住宅电梯
	Montaplatos 杂物电梯	Montaplatos de corriente alterna 交流杂物电梯
	Elevador de panorama 观光电梯	Elevador de panorama de corriente alterna 交流观光电梯
		Elevador de panorama de corriente continua 直流观光电梯
		Elevador de panorama hidráulico 液压观光电梯
	Elevador de barco 船用电梯	Elevador de barco de corriente alterna 交流船用电梯
		Elevador de barco hidráulico 液压船用电梯

（续表）

Grupos/组	Tipos/型	Productos/产品
Elevador 电梯	Elevador de vehículo 车辆用电梯	Elevador de vehículo de corriente alterna 交流车辆用电梯
		Elevador de vehículo hidráulico 液压车辆用电梯
	Ascensor anti-explosivo 防爆电梯	Ascensor anti-explosivo 防爆电梯
Auto-escaleras 自动扶梯	Auto-escaleras común 普通型自动扶梯	Auto-escaleras de cadena común 普通型链条式自动扶梯
		Auto-escaleras de cremallera común 普通型齿条式自动扶梯
	Auto-escaleras de vehículo público 公共交通型自动扶梯	Auto-escaleras de vehículo público de pedal 公共交通型链条式自动扶梯
		Auto-escaleras de vehículo público de cinta de goma y tambor 公共交通型齿条式自动扶梯
	Auto-escaleras espiral 螺旋形自动扶梯	Auto-escaleras espiral 螺旋形自动扶梯
Acera automática 自动人行道	Acera automática común 普通型自动人行道	Acera automática común de pedal 普通型踏板式自动人行道
		Acera automática común de goma y tambor 普通型胶带滚筒式自动人行道
	Acera automática de vehículo público 公共交通型自动人行道	Acera automática de vehículo público de pedal 公共交通型踏板式自动人行道
		Acera automática de vehículo público de goma y tambor 公共交通型胶带滚筒式人行道
Otros elevadores y escaleras mecánicas 其他电梯及扶梯	Otros elevadores y escaleras mecánicas 其他电梯及扶梯	

19 Equipos complementarios mecánicos de construcción
工程机械配套件

Grupos/组	Tipos/型	Productos/产品
Sistema dinámico 动力系统	Motor de combustión interna 内燃机	Motor diesel 柴油发动机
		Motor de gasolina 汽油发动机
		Motor de combustión 燃气发动机
		Motor de doble poder 双动力发动机
	Batería de energía 动力蓄电池组	Grupo de batería de energía 动力蓄电池组
	Equipo auxiliar 附属装置	Depósito de agua 水散热箱（水箱）
		Enfriador del aceite 机油冷却器
		Ventilador de enfriamiento 冷却风扇
		Depósito de combustible 燃油箱
		Turbocompresor 涡轮增压器
		Filtro de aire 空气滤清器
		Filtro de aceite 机油滤清器
		Filtro diésel 柴油滤清器
		Combinación de tubo de escape y silenciador 排气管（消声器）总成
		Compresor de aire 空气压缩机
		Generador 发电机
		Motor de arranque 启动马达

（续表）

Grupos/组	Tipos/型	Productos/产品
Sistema de transmisión 传动系统	Embrague 离合器	Embrague seco 干式离合器
		Embrague húmedo 湿式离合器
	Convertidor de par 变矩器	Convertidor de par hidráulico 液力变矩器
		Enganche hidráulico 液力耦合器
	Cambio de velocidades 变速器	Cambio de velocidades mecánico 机械式变速器
		Cambio de velocidad con energía 动力换挡变速器
		Cambio de velocidad electro-hidráulico 电液换挡变速器
	Motor de impulsión 驱动电机	Motor de corriente continua 直流电机
		Motor de corriente alternativa 交流电机
	Sistema de eje de transmisión 传动轴装置	Eje de transmisión 传动轴
		acoplamiento 联轴器
	Puente de impulsión 驱动桥	Puente de impulsión 驱动桥
	Reductor de velocidad 减速器	Transmisión final 终传动
		Engranaje de desaceleración de rueda 轮边减速
Dispositivo de sellado hidráulico 液压密封装置	Cilindro 油缸	Cilindro de presión mediana y baja 中低压油缸
		Cilindro de presión alta 高压油缸
		Cilindro de presión super alta 超高压油缸

75

Grupos/组	Tipos/型	Productos/产品
Dispositivo de sellado hidráulico 液压密封装置	Bomba hidráulica 液压泵	Bomba de engranaje 齿轮泵
		Bomba de paleta 叶片泵
		Bomba de pistón 柱塞泵
	Motor hidráulico 液压马达	Motor de engranaje（motor de impulsión，motor de equipo de operación） 齿轮马达(驱动 工作装置 柱塞)
	Válvula hidráulica 液压阀	Válvula de inversión multicanal hidráulica 液压多路换向阀
		Válvula de control de presión 压力控制阀
		Válvula de control de flujo 流量控制阀
		Válvula de piloto de hidráulica 液压先导阀
	Reductor de velocidad hidráulico 液压减速机	Reductor de velocidad móvil 行走减速机
		Reductor de velocidad giratorio 回转减速机
	Acumulador 蓄能器	Acumulador 蓄能器
	Cuerpo giratorio central 中央回转体	Cuerpo giratorio central 中央回转体
	Accesorios de tubería hidráulicos 液压管件	Manga de aire comprimido 高压软管
		Manguera de presión baja 低压软管
		Manguera de temperatura alta y presión baja 高温低压软管
		Tubería de conexión de metal hidráulica 液压金属连接管
		Conexión de tubería hidráulica 液压管接头

76

(续表)

Grupos/组	Tipos/型	Productos/产品
Dispositivo de sellado hidráulico 液压密封装置	Adjunto del sistema hidráulico 液压系统附件	Filtro de aceite hidráulico 液压油滤油器
		Enfriador de aceite hidráulico 液压油散热器
		Tanque hidráulico 液压油箱
	Dispositivo de sellado 密封装置	Sello de aceite en movimiento 动油封件
		Elemento de cierre fijo 固定密封件
Sistema de freno 制动系统	Silo de aire comprimido 贮气筒	Silo de aire comprimido 贮气筒
	Válvula de aire 气动阀	Válvula de inversión neumática 气动换向阀
		Válvula neumática de control de presión 气动压力控制阀
	Conjunto de bomba de postcombustión 加力泵总成	Conjunto de postcombustión 加力泵总成
	Accesorios de tubería de freno neumático 气制动管件	Manguera neumática 气动软管
		Manguera de metal neumática 气动金属管
		Conexión de tubería neumática 气动管接头
	Separador de aceite y agua 油水分离器	Separador de aceite y agua 油水分离器
	Bomba de freno 制动泵	Bomba de freno 制动泵
	Freno 制动器	Freno de estacionamiento 驻车制动器
		Freno de disco 盘式制动器
		Freno de cinta 带式制动器
		Freno de disco húmedo 湿式盘式制动器

（续表）

Grupos/组	Tipos/型	Productos/产品
Dispositivo de rodaje 行走装置	Conjunto de neumático 轮胎总成	Neumático sólido 实心轮胎
		Neumático de aire 充气轮胎
	Conjunto de llanta 轮辋总成	Conjunto de llanta 轮辋总成
	Cadena antideslizante de neumático 轮胎防滑链	Cadena antideslizante de neumático 轮胎防滑链
	Conjunto de oruga 履带总成	Conjunto de oruga común 普通履带总成
		Conjunto de oruga húmedo 湿式履带总成
		Conjunto de oruga goma 橡胶履带总成
		Conjunto de oruga triple 三联履带总成
	Cuatro ruedas 四轮	Conjunto de rueda de soporte de peso 支重轮总成
		Conjunto de rueda portadora de cadena 拖链轮总成
		Conjunto de rueda de guía 引导轮总成
		Conjunto de rueda de impulsión 驱动轮总成
	Conjunto de dispositivo de tensión de oruga 履带张紧装置总成	Conjunto de dispositivo de tensión de oruga 履带张紧装置总成
Sistema de dirección 转向系统	Conjunto de aparato de dirección 转向器总成	Conjunto de aparato de dirección 转向器总成
	Puente de dirección 转向桥	Puente de dirección 转向桥
	Dispositivo de control de dirección 转向操作装置	Dispositivo de dirección 转向装置

Grupos/组	Tipos/型	Productos/产品
Bastidor y dispositivo de trabajo 车架及工作装置	Bastidor 车架	Bastidor 车架
		Soporte giratorio 回转支撑
		Cabina del conductor 驾驶室
		Conjunto del asiento del conductor 司机座椅总成
	Dispositivo de trabajo 工作装置	Brazo móvil 动臂
		Brazo de cucharón 斗杆
		Pala/cuchara 铲/挖斗
		Diente del cucharón 斗齿
		Cuchilla 刀片
	Contrapeso 配重	Contrapeso 配重
	Sistema de mástil 门架系统	Mástil 门架
		Cadena 链条
		Horquilla 货叉
	Dispositivo para elevación de pila 吊装装置	Gancho de alza 吊钩
		Pluma 臂架
	Dispositivo vibrador 振动装置	Dispositivo vibrador 振动装置
Dispositivo eléctrico 电器装置	Conjunto de sistema de control eléctrico 电控系统总成	Conjunto de sistema de control eléctrico 电控系统总成
	Conjunto de combinación de instrumentación 组合仪表总成	Conjunto de combinación de instrumentación 组合仪表总成

79

Grupos/组	Tipos/型	Productos/产品
Dispositivo eléctrico 电器装置	Conjunto de monitor 监控器总成	Conjunto de monitor 监控器总成
	Instrumentación 仪表	Cronógrafo 计时表
		Velocímetro 速度表
		termómetro 温度表
		Medidor de presión de aceite 油压表
		Barómetro 气压表
		Combustible 油位表
		Amperímetro 电流表
		Voltímetro 电压表
	Alarma 报警器	Alarma de conducción 行车报警器
		Alarma de marcha atrás 倒车报警器
	Lámpara de indicadores 车灯	Lámpara de iluminación 照明灯
		Indicador de dirección 转向指示灯
		Indicador de freno 刹车指示灯
		Lámpara de niebla 雾灯
		Luz superior de la cabina del conductor 司机室顶灯
	Aire acondicionado 空调器	Aire acondicionado 空调器
	Calentador 暖风机	Calentador 暖风机
	Ventilador 电风扇	Ventilador 电风扇

80

（续表）

Grupos/组	Tipos/型	Productos/产品
Dispositivo eléctrico 电器装置	Limpiaparabrisas 刮水器	Limpiaparabrisas 刮水器
	Batería 蓄电池	Batería 蓄电池
Adjunto especial 专用属具	Martillo hidráulico 液压锤	Martillo hidráulico 液压锤
	Tijera hidráulica 液压剪	Tijera hidráulica 液压剪
	Alicate hidráulico 液压钳	Alicate hidráulico 液压钳
	Escarificador 松土器	Escarificador 松土器
	Tenedor de madera 夹木叉	Tenedor de madera 夹木叉
	Adjunto especial de carretilla 叉车专用属具	Adjunto especial de carretilla 叉车专用属具
	Otros adjuntos 其他属具	Otros adjuntos 其他属具
Otros equipos complementarios 其他配套件		

81

20 Otras maquinarias de construcción 其他专用工程机械

Grupos/组	Tipos/型	Productos/产品
Maquinaria de construcción especial para instalación generatriz 电站专用工程机械	Grúa de torre de tweezed 扳起式塔式起重机	Grúa de torre de tweezed especial para instalación generatriz 电站专用扳起式塔式起重机
	Grúa de torre de auto-levantamiento 自升式塔式起重机	Grúa de torre de auto-levantamiento especial para instalación generatriz 电站专用自升塔式起重机
	Grúa de superior de cadera 锅炉炉顶起重机	Grúa de superior de cadera especial para instalación generatriz 电站专用锅炉炉顶起重机
	Grúa pórtico 门座起重机	Grúa pórtico especial para instalación generatriz 电站专用门座起重机

Grupos/组	Tipos/型	Productos/产品
Maquinaria de construcción especial para instalación generatriz 电站专用工程机械	Grúa de oruga 履带式起重机	Grúa de oruga especial para instalación generatriz 电站专用履带式起重机
	Grúa portal 龙门式起重机	Grúa portal especial para instalación generatriz 电站专用龙门式起重机
	Grúa de cable 缆索起重机	Grúa de cable especial para instalación generatriz 电站专用平移式高架缆索起重机
	Dispositivo ascensor 提升装置	Dispositivo ascensor hidráulico de cable de acero especial para instalación generatriz 电站专用钢索液压提升装置
	Elevador de construcción 施工升降机	Elevador de construcción especial para instalación generatriz 电站专用施工升降机
		Ascensor de construcción de curva 曲线施工电梯
	Planta de mezcla de hormigón 混凝土搅拌楼	Planta de mezcla de hormigón especial para instalación generatriz 电站专用混凝土搅拌楼
	Estación de mezcla de hormigón 混凝土搅拌站	Estación de mezcla de hormigón especial para instalación generatriz 电站专用混凝土搅拌站
	Máquina de torre de cinta 塔带机	Distribuidor de torre de cinta 塔式皮带布料机
Maquinaria de construcción de construcción y mantenimiento de tránsito ferroviario 轨道交通施工与养护工程机械	Máquina de puente 架桥机	Máquina de puente de viga en cajón de hormigón de línea de pasajeros de alta velocidad 高速客运专线混凝土箱梁架桥机
		Máquina de puente de viga en cajón de hormigón sin viga de guía de línea de pasajeros de alta velocidad 高速客运专线无导梁式混凝土箱梁架桥机
		Máquina de puente de viga en cajón de hormigón de viga de guía de línea de pasajeros de alta velocidad 高速客运专线导梁式混凝土箱梁架桥机

（续表）

Grupos/组	Tipos/型	Productos/产品
Maquinaria de construcción de construcción y mantenimiento de tránsito ferroviario 轨道交通施工与养护工程机械	Máquina de puente 架桥机	Línea especial de transporte de pasajeros de alta velocidad 高速客运专线下导梁式混凝土箱梁架桥机
		Máquina de puente de viga en cajón de hormigón de viaje de desplazamiento de pista de rueda de línea de pasajeros de alta velocidad 高速客运专线轮轨走行移位式混凝土箱梁架桥机
		Máquina de puente de viga en cajón de hormigón de viaje de desplazamiento de rueda de goma maciza 实胶轮走行移位式混凝土箱梁架桥机
		Máquina de puente de viga en cajón de hormigón de viaje de desplazamiento de combinación 混合走行移位式混凝土箱梁架桥机
		Máquina de puente de viga en cajón de hormigón de línea de pasajeros de alta velocidad de doble líneas 高速客运专线双线箱梁过隧道架桥机
		Máquina de puente de viga "T" de ferrocarril común 普通铁路 T 梁架桥机
		Máquina de puente de viga "T" de uso carretera y ferroviario de ferrocarril común 普通铁路公铁两用 T 梁架桥机
	Transportador de viga 运梁车	Máquina de puente de viga en cajón de hormigón de línea de pasajeros de alta velocidad 高速客运专线混凝土箱梁双线箱梁轮胎式运梁车
		Transportador de viga neumático de viga en cajón de doble líneas de viga en cajón de hormigón de línea de pasajeros de alta velocidad 高速客运专线过隧道双线箱梁轮胎式运梁车

83

Grupos/组	Tipos/型	Productos/产品
Maquinaria de construcción de construcción y mantenimiento de tránsito ferroviario 轨道交通施工与养护工程机械	Transportador de viga 运梁车	Transportador de viga neumático de viga en cajón de sola línea de línea de pasajeros de alta velocidad 高速客运专线单线箱梁轮胎式运梁车
		Transportador de viga de viga "T" de ferrocarril común montado sobre railes 普通铁路轨行式 T 梁运梁车
	Elevación de viga para campo de viga 梁场用提梁机	Elevación de viga neumática 轮胎式提梁机
		Elevación de viga de rueda y carril 轮轨式提梁机
	Dispositivo de producción, transporte y colocación de la estructura superior del carril 轨道上部结构制运铺设备	Dispositivo de transporte y colocación de pista larga y durmiente solo de línea con carbón 有砟线路长轨单枕法运铺设备
		Dispositivo de producción, transporte y colocación de sistema de carril sin lastre 无砟轨道系统制运铺设备
		Dispositivo de producción, transporte y colocación de sistema de carril de bandeja sin lastre 无砟板式轨道系统制运铺设备
		Dispositivo de transporte y colocación recto de sistema de carril sin lastre 无砟轨道系统制运铺设备
		Dispositivo de producción, transporte y colocación de sistema de carril de bandeja sin lastre 无砟板式轨道系统制运铺设备
	Serie de equipos de mantenimiento de dispositivo de lastre 道砟设备养护用设备系列	Vehículo especial para transportar balasto 专用运道砟车
		Máquina de la igualación de lastre 配砟整形机
		Bateadora de traviesas de balasto 道砟捣固机
		Máquina limpiadora de balasto 道砟清筛机

Grupos/组	Tipos/型	Productos/产品
Maquinaria de construcción de construcción y mantenimiento de tránsito ferroviario 轨道交通施工与养护工程机械	Equipo de construcción y mantenimiento de línea de electrificación 电气化线路施工与养护设备	Excavadora de hoyo de columna de catenaria 接触网立柱挖坑机
		Dispositivo vertical de columna de catenaria 接触网立柱竖立设备
		Vehículo de montaje de cable de catenaria 接触网架线车
Maquinaria de construcción especial hidráulica 水利专用工程机械	Maquinaria de construcción hidráulica 水利专用工程机械	Maquinaria de construcción hidráulica 水利专用工程机械
Maquinaria de construcción de mina 矿山专用工程机械	Maquinaria de construcción de mina 矿山专用工程机械	Maquinaria de construcción de mina 矿山专用工程机械
Otras maquinarias de construcción 其他工程机械		